图1-2　高空间墙面装饰和家具配置设计

图1-6　大空间客厅装饰设计

图1-8　将阳台空间扩大为小空间客厅使用的装饰设计

图1-11　简欧式装饰和配饰餐厅风格设计

图1-12　体现和谐温馨特色餐厅装饰设计

图1-14　体现中国传统式餐桌摆放装饰设计

图 1-21　针对女孩儿的特色次卧室装饰设计

图 1-28　以电脑操作为主的活动室装饰设计

图 1-31　动静结合的活动室装饰设计

图 1-35　"L形"操作平台装饰设计

图 1-37　厨房选配适宜色泽作装饰设计

图 1-42　主卫生间与主卧室做通透式装饰设计

图 1-48　走廊端头墙面造型装饰设计　　　　　　　　图 2-15　木楼梯装饰

图 4-12　以业主需求为重点的客厅家具配置

图 4-31　古典式装饰风格家具配置

图 4-32　不同装饰风格中装饰色彩和家具色彩各具特色

图 5-4　在正常灯饰外须留有临时用开关与插座

明明白白做家装
——必须把握的设计、施工、选材、配饰窍门

朱树初　著

机 械 工 业 出 版 社

本书是打算装修房子的家庭和装饰装修专业人员难得的入门读物。

书中介绍的家庭装饰特色设计、特色装饰、特色饰材配选、特色家具配置、特色灯饰配装和特色装饰使用等方面的窍门，可以有效预防家庭中的种种误区。

书中内容操作性强，适用性广，通俗易懂。

图书在版编目（CIP）数据

明明白白做家装 必须把握的设计、施工、选材、配饰窍门/朱树初著. —北京：机械工业出版社，2014.2

ISBN 978-7-111-45613-1

Ⅰ. ①明… Ⅱ. ①朱… Ⅲ. ①住宅—室内装饰设计—图集 Ⅳ. ①TU241-64

中国版本图书馆 CIP 数据核字（2014）第 017808 号

机械工业出版社（北京市百万庄大街 22 号 邮政编码 100037）

策划编辑：何文军 责任编辑：何文军 时 颂
版式设计：常天培 责任校对：薛 娜
封面设计：张 静 责任印制：乔 宇

北京铭成印刷有限公司印刷

2014 年 3 月第 1 版第 1 次印刷

184mm×260mm · 15.75 印张 · 2 插页 · 387 千字

标准书号：ISBN 978-7-111-45613-1

定价：46.00 元

凡购本书，如有缺页、倒页、脱页，由本社发行部调换

电话服务　　　　　　　　　　　网络服务

社 服 务 中 心：(010)88361066　教 材 网：http://www.cmpedu.com

销 售 一 部：(010)68326294　机工官网：http://www.cmpbook.com

销 售 二 部：(010)88379649　机工官博：http://weibo.com/cmp1952

读者购书热线：(010)88379203　**封面无防伪标均为盗版**

前　言

有人提出：家庭装修要达到五星级的装饰，给人以五星级的享受。这是人们心目中对家庭装饰高质量、高品位和高级别的要求，同时反映了现代家庭对家装的期望。这是时代的进步，更是随着生活水平提高家庭装饰标准迈向一个新高度的标志。

现时的家庭装饰，从设计格调、施工工艺到装饰效果，无不是高标准，严要求。既要求环保健康，又要求时尚实用。偶尔出现细微瑕疵，业主都会不满，要求返工。如果发现有装饰人员偷工减料，或是粗心大意忽略了一些细节，业主更不会轻易放过。

因此，一般正规家装公司都会尽力做好每一个细节，做好每一个家装工程。有意偷工减料，以次充好，多是"游击队"的行为。于是，在全国各省市涌现出像大木设计、上海正飞、广州森杰和湖南点石、鸿扬等一大批家庭装饰品牌公司。

不过，要做出高质量、高标准和有特色的家庭装饰，从设计要求、施工质量、材质标准到装饰效果，都不是随随便便就可以做得到的，必须是一个严密的系统工程。它包括反复沟通后设计出的装饰方案，严格细致的施工，严肃到位的管理，以及严谨的检验标准及验收过程。显然这不是松散的施工队伍和个体"游击队"的施工行为所能够达到的。

高质量的家庭装饰，既要有"量"，又要有"质"，从设计、选材、施工到验收和结算，都要求明明白白、清清楚楚的，特别是每一个装饰工程从形象格调，到色彩搭配与环保健康，从观赏性到实用性上，都要经得起推敲，得到业主及其家人的首肯，并且还经得起时间的考验。

当然，家庭装饰会随着社会的发展，人们要求的改变和家装行业的兴旺，式样更多姿多彩，评价标准也会不断提高，因而，对于从事这一行业的广大专业人员来说，需要不断学习、实践、探索和提高。作者基于这样的考虑，从自己的工作实践中和众多装饰专业人员那里收集到不少的宝贵经验，通过仔细鉴别、认真整理、系统归纳，并针对广大业主的意见和建议，撰写出本书，供广大的装饰专业人员和众多的业主参考使用。

本书在撰写过程中得到了诸多同仁的关心和指导，得到一些资深同行的鼎力支持，得到了不少宝贵的经验及见解，同时，也参考了相关的资料，在此一并表示真诚的谢意。

由于作者对家装行业了解、理解仍不甚广泛和深刻，加之个人撰写水平不高，书中难免存在这样或那样的不足，恳请广大读者和同仁赐予宝贵意见，以期不断完善，促进家庭装饰的健康发展。

朱树初

目　　录

1 把握家庭装饰特色设计窍门

做好家居设计，是家庭装饰成功的关键。业主的情况和要求不同，设计也随之千变万化。不过，总的来说，应该结合民族特点、地方习俗和业主的个人爱好，以及其职业要求和住宅环境的不同，设计出各具特色的方案让业主及观赏者耳目一新，心情舒畅，使用满意。无论是首席设计师还是高级设计师，无论是专业设计师还是业余设计师，谁都不敢保证自己的每一个设计方案能做到十分圆满，一定让业主满意。稍有疏忽，不注重业主诉求，就有可能发生令业主不满意的状况。因此，要做好家居设计，作为设计者必先弄清楚业主的心理要求，从实际出发，注重变化和实现个性，并与当前的发展潮流相结合，方能做出令业主满意的设计方案。

1.1 特色客厅设计窍门

客厅的设计，是家庭装饰的重中之重。是否具有特色和亮点，吸不吸引人的眼球，是否符合时代潮流，适用不适用，以及设计时是否具有发展的眼光等，这些都需要认真把握。可以说，客厅的设计是整个家庭装饰方案的"窗口"。从这里，可以看出设计水平的高低和装饰效果。客厅装饰设计必须要很慎重，应按照不同业主及其家人的要求和客厅形状，并结合好内外环境条件等，选择设计风格，做出既适应于实际情况，又独具特色的客厅设计方案来。总的来说，客厅设计必有"抢眼"处，同时兼顾实用与美观，让业主称心如意，令观赏者有赞叹之感。

一、高空间巧布法设计

从现时的"轻装修，重装饰"家庭装饰潮流来看，对于高空间的客厅装饰设计要求，一般是不给顶平面做全吊顶装饰的，多数做法是在厅顶的纵向方向做两长条局部吊顶，长条宽度在600mm左右。不过，也有做纵向和横向四个边顶面的局部吊顶的，形成一个四方形吊顶面，顶部的中间是空着的。

在这两种吊顶里面，一般以配装紫色或深蓝色等冷色调灯带为宜，可勾勒出主体效果，使空间活泼灵动。在局部吊顶面的下部，则以配装暖色筒灯或射灯为好，以利于反映高空间顶面降下一定高度的效果。

在空着的中央顶部，主灯应安装长吊式灯饰，下吊长度以超出局部吊顶下部平面300mm为宜，长吊灯可减弱高顶部给人的空、高的感觉。这样的高空顶部不适宜配装吸顶灯。高空顶的灯饰光不宜太亮，尤其不适宜配亮白色的灯光，以黄色、紫色和蓝色等色调灯光照明为好，有利于营造高空间的充实感，不至于显得空空荡荡的。如图1-1所示。

空间高度在3.2m以上客厅墙面的设计，特别是电视背景墙的设计布局，是不能像顶面那样简单和直接的。墙面的装饰设计，应充分展现出空间宽敞，使用便利，视觉舒畅，以及有特色、有个性的效果。其设计要有层次，呈现主体色调鲜明抢眼的装饰效果和独特的风格。其手法或是利用材质上的优势做出特色，或是利用灯饰的特长做出亮度层次，或

图 1-1　高空间客厅顶部巧布法设计装饰

是利用造型变化做出新颖之感。总之，给予人的感觉是：高空间既不显空荡，而又显得宽敞大气。电视背景墙的造型设计，既要体现业主的意图，让业主满意，令观赏者赞叹，又要把设计者对该案例的设计特色创意风格展现出来。

同时，在选择客厅窗帘时，一般不使用长条形大幅面的窗帘，也不从墙顶角安装窗帘盒。如果顶部四周均做有局部吊顶，选择窗帘时可以从吊顶面下安装。最好在窗户空间内安装小型窗帘，因为在高空间的客厅里，窗户空间也是大型的，其高度和宽度尺寸是可配装大气、开阔窗帘的。

对于高空间地面铺材，最好选用 800mm×800mm 尺寸的大宽面浅色瓷砖，这样可进一步展示出客厅的宽敞和气势。

而对高空间客厅设计的配饰，应尽可能地选择在电视背景墙的墙面上布置业主及其家人喜爱的欣赏类饰物。其配置的家具，应根据地面大小选择，如图 1-2 所示。

二、低空间巧做法设计

现有住宅建筑空间高度，大多在 2.6～2.8m 之间。这样空间高度的客厅设计，可视为"低空间"装饰，在设计上不宜选择吊顶。如果业主喜好顶部空间的活跃，要求进行局部吊顶，其设计的宽度尺寸不能超过 500mm，其厚度尺寸也不能超过 150mm。相较高空间的客厅局部吊顶，其厚度与宽度尺寸应当少 100mm 左右。

吊顶面上配装的灯带，最好选用暖色调的，如亮黄色的，能给顶部极强的亮度，从视觉上有升高的感觉。相对于灯带的光亮度，吊顶面下配装的筒灯光度要弱一点。这样，既可突出灯带光扩大空间的效果，又显示出低空间客厅灯饰的层次感，使气氛活泼，更好地展现出设计风格。

若在顶部不做局部吊顶装饰设计，为使顶面有变化，不显单调，也可在顶周围做花纹

图1-2　高空间墙面装饰和家具配置设计

式样的石膏板贴顶装饰，并配装上射灯，同样具有增加视觉高度的效果。如图1-3所示。

在设计配装主灯饰时，一般是选用圆形或圆式造型的吸顶灯，其灯形面积不得超过客厅顶面积的3%，选小型灯能使空间显示出高远的感觉。如果业主喜好顶部丰富，可在客厅地面的四角部位设计配装地射灯，从地面向上射光，可产生晚间增高客厅空间的效果。如果不在客厅地面四角部位配装地射灯，最好在电视背景墙两边地面安装地射灯，也能产生增高空间的效果。

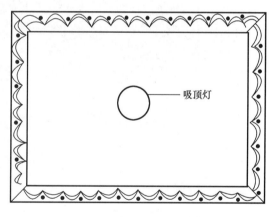

图1-3　花纹石膏板贴顶装饰

低空间地面铺设一般不适宜铺设瓷砖。假如业主青睐于瓷砖，则最好配用600mm×600mm中型幅面的浅色瓷砖。因为铺设瓷砖要提升地面80mm左右的高度，会使空间高度更低，加大压抑感。低空间地面最好选用浅色调的人造木地板。

低空间墙面装饰，要视客厅的实际大小和形状来做选择。正方形大面积空间，其墙面设计，尽量让墙面有"长高"的感觉，设计电视背景墙时，不宜将其设计成"宽大"形的，这样会使客厅空间更显低矮有压抑感，其墙色应以浅色调为主。如果墙面粘贴壁布或壁纸，应选择竖条形或浅色小花形式样的，以造成视觉上空间"修长"感而不是"肥大"感；若是长方形客厅，则要围绕着如何缩短过长形状以使空间产生"长高"的视觉效果进行设计。

低空间客厅选择的家具色泽不宜用深色系列，以米色、白色等浅色调为宜，这样可提高整个客厅的光亮度，以减弱空间低矮的感觉。

设计配装饰家具还要从客厅面积大小的实际出发，较大面积的客厅，可选择气派的大尺寸家具，且以木质和布艺家具为主。较小面积的，则要遵循"精巧"的原则，宜选用精巧、轻便和现代装饰材料做成的家具，玄关配饰的家具或设计制作的造型，应尽量避免将玄关顶部封住，以隔断式或半高式兼透明式为好，可保证客厅光线的通透性，让小空间有扩大感，使人在低空间的客厅里也享受轻松的氛围。

家具的色彩宜与门窗颜色相近为佳，至少属于一个色彩系列的。如门、窗框色泽是朱砂红之类的，则家具可选中式古典风格的栗色家具。实际上在做整体设计时，就应当考虑家具的选配，使居室风格与家具风格统一。如图1-4所示。

图1-4　低空间客厅巧做配套设计装饰

三、大空间巧控法设计

大空间客厅一般是指大面积住宅、复式楼和别墅里专用的客厅，其面积至少在30m^{2}以上。对于这一类大客厅，装饰设计应当从大处着眼，小处着手，既抓大部，又不放过细部，既展现出大客厅的气势，又实用方便。

对大面积的客厅装饰，必须做出全方位整体的设计：重点部位做出彩，不显眼部位不忽略。同时，大面上的整体配套设计也要毫不放松。具体地说就是先抓住"抢眼"部位做好文章，如电视背景墙，这是客厅装饰设计的重点部位，整个居室的个性彰显和特点凸显多在此处体现出来。这一类大面积客厅电视背景墙作连体式装饰设计风格（图1-5），就很有吸引眼球的效果。整个造型犹如长虹一般，一气呵成，连贯成型，顶天立地，很有气势。

大空间客厅大都会因面积大而产生低矮感，尤其是楼层内大面积客厅更显如此。一般住宅空高尺寸为2.8m，如果是一个正方形体的大客厅会略显笼子式，给人以拘束感；若是长方形体，就更会让人明显感觉到低矮了。那么，从整体上给予全方位装饰设计，则会

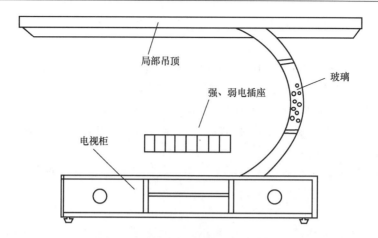

图 1-5 连体式电视背景墙造型设计

让这个大空间低矮的感觉得以淡化。

除了对电视背景墙做出有特色装饰设计外，还需要对玄关进入客厅部位，客厅到窗户处，客厅地面到顶部等各个方面做统一规划。窗户窗帘的装饰设计，则要用大幅形体的，从厅的顶部垂直下到地面，一泄而下，遮住整个窗户带墙面，从上至下，飘逸雅观，很有气势。选择的色彩应与家具、墙面色彩相近似为宜，有利于形成整体的效果。

地面以铺设浅颜色的人造木地板或是 800mm×800mm 大幅面的瓷砖为宜。顶面最好配装大型水晶灯或吸顶灯做主灯。如图 1-6 所示。

图 1-6 大空间客厅装饰设计

四、小空间巧调法设计

小居室在住宅中占有一定的比例。如何规划和调节小空间客厅，使其虽小，但在做了装饰后令人舒适，并且使用也很方便。

一般情况下，小客厅的装饰设计应尽量简单，灯具装饰要精致，家具配饰设计采用巧小而实用的做法。

如果客厅的空间高度允许做吊顶宜对顶部做两条纵向形吊顶，局部吊顶的宽度尺寸小于500mm，高度尺寸小于150mm，可从顶部的两边同时进行。宜采用40mm×30mm的小木枋安装木龙骨架，用φ8mm或φ10mm的膨胀螺钉紧固牢靠后，再配装石膏板做饰面板，用螺钉紧固，而不能使用气钉或圆钉。然后将石膏板表面的钉帽涂刷防锈漆，刮底整平，打磨光洁后涂饰面漆。

局部吊顶的目的是给小客厅配装精致灯饰。其做法是，在吊顶面上，多是配装灯带，灯光选用亮丽的，以黄色或白色强光为好。在吊顶面下配装光亮的3～4盏筒灯，能扩大小空间的视觉效果。

客厅顶部中央宜配装圆形、正方形或长方形的吸顶灯或水晶灯，也有依据业主喜好配装小型吊灯的，如图1-7所示。按正常设计要求，灯的形状依据客厅形状来确定。若客厅为正方形，多配装正方形或圆形的灯；若客厅形状为长方形，则配装长方形灯。灯的外形不宜过大，灯的外形面积不得超过客厅顶部面积的3%。灯饰的光度宜选用强烈暖色光，能给整个小客厅空间以亮丽的感觉，让人心情开阔。

图1-7 小空间客厅巧调法装饰设计

小空间客厅一般不做电视背景墙的设计，有的只做简单的装饰，专门用于会客。有条件的是在书房或另外居室做视听间。如果需要在小空间客厅做电视背景墙的设计，那么，就一定要做出多功能的视听装置设计来。例如给整个面墙下做"一线短柜"的设计，柜面上可摆放电视机，柜内可摆放音响等设施，柜面上还可摆放工艺品、盆景或另做它用。然后，再在短柜上方做背景造型设计和配装壁灯等。同时，在视听背景墙的对应墙面上，悬挂一两件小型的山水、风景和花草类的画框，使这些艺术品在迭现的光彩下交错生辉，充满层次变化，有利于小空间客厅提升品位。

小空间客厅的地面一般不适宜用大幅面瓷砖铺贴，以铺贴人造木地板为宜，且选用浅色调的比深色调的要好。因为，在小客厅精巧而明亮灯饰光的反映下浅色地板能更好地表现客厅整体效果。

玄关部位以及客厅到窗户的部位，是不能采用封闭式或隔断式设计方案的，必须选用通透式做法。从玄关进入客厅的部位，除了靠墙安放必要而实用的小巧型鞋柜外，不要做隔断装饰设计。可在鞋柜面上摆放一点装饰品或盆景或工艺品，以增加这个部位的韵味。

窗帘可选择大幅面落地式的，以选用浅色的和柔性质感好的为上，这种窗帘可以调节气氛，提升魅力，使小而巧的客厅亦具有气派性和观赏性。

小空间客厅的家具多为现代装饰材料(玻璃、不锈钢等)加工制作而成的，外形小而精巧，有着多功能特点。玻璃材质制作的茶几和小型的皮制收放活动椅，以及布艺式小型沙发等都较适合。其色彩要与客厅的装饰色调成对比为佳。这样，可增加小空间客厅的活跃气氛和立体品位。如图1-8所示。

图1-8　将阳台空间扩大为小空间客厅使用的装饰设计

五、长空间巧改法设计

长空间是指客厅的长宽尺寸相差比较大，整个客厅成长廊形状。例如客厅长度尺寸为8m，宽度尺寸只有5.6m。这样的长方形就显得过长，而宽度不够。如果该客厅又是与餐厅连成一体，就显得更长了。于是，应先对空间进行调整修正，再做装饰为好。

对长空间客厅做调整修正时，既要在视觉效果上修正过长的感觉，同时又要符合客厅是公共区域，需要采光好、通风便、空间畅和环境适的原则，此外还要在设计中体现业主的个人爱好和艺术素养。

例如，针对业主的喜好，采用动中取静的做法，在客厅靠窗户一侧采用高差装饰设计做法，划出1000mm或1200mm宽度的空间，上升200mm高度左右尺寸，装饰出一个特殊的活动区域，或作下棋品茶之处，或作乐器练习处，或作与亲朋对饮闲谈之处。在客厅这样一个公共活动区域内，就又有了一个安静的区域。

做这样一个装饰设计，选用的材质、色彩及风格与整个客厅装饰应是截然不同的。如果客厅地面选用浅色瓷砖铺设，此处则应选择深色木质材料做装饰和铺设，以形成鲜明的对比，给人一个明显分开的标志印象。

从玄关到客厅同样要做出明显的隔断装饰设计，两个明确的区域划分，使客厅的活动空间感觉不再狭长，并与餐厅区域划分开来，从视觉上能一目了然。这样的客厅便是一个舒适的长方形空间了。

过长客厅的隔断设计要视客厅空间高度来确定方案。若空间高度允许，其隔断可设计为"顶天立地"的封闭式。有用枋木立柱形隔断，有鞋柜上安装钢化玻璃（磨砂玻璃、刻花玻璃、凸型雕花玻璃等）的，还有全艺术性钢化玻璃从顶部到地面的（注：这类装饰设计不适宜有儿童的家庭，因为不安全）。这些造型隔断，既能在进门时进行视觉隔断，利于进门换鞋、放物等，又能提升客厅装饰品位，给视觉上一个舒适感。如图1-9所示。

图1-9 采用玄关隔断与临窗高差设计做法的装饰

如果客厅空间高度在2.6m以下时，隔断不宜"顶天立地"，而只宜满足实用需求做个鞋柜，柜上空间不再做隔断装饰，若非得要做隔断装饰，则连同鞋柜高度也不宜超过1.8m。这样低空间高度的客厅最好不做局部吊顶装饰设计，可在顶部阴角位配装几盏向墙面或顶平面照明的射灯，以扩大顶部的照亮度，使顶面显得高空一些。客厅中央顶部主灯应选择呈长方形的吸顶灯或水晶灯。

长空间的电视背景墙的装饰设计以扩大宽度为佳。如图1-10所示。

图1-10 长空间电视背景墙装饰设计

1.2　特色餐厅设计窍门

餐厅一般是与客厅一体的空间，但其功能与客厅不同，是一个独立的公共区域，既便于业主及其家人就餐，又不影响到客厅的活动。因而，餐厅的装饰设计，既要与客厅装饰协调，又要相对独立，与厨房的装饰设计风格严格地区别开来，还要兼顾特色和实用性。餐厅一般呈开放型，通风效果良好，色彩温馨，装饰美观，光线充足，是业主及其家人舒适就餐，或是招待亲朋好友饮食的公共活动区域。切不可小视餐厅装饰设计的重要性，要与靓丽而有特色的客厅装饰设计效果相媲美，才算得上是令人称心如意的餐厅装饰设计。

一、善施对应法设计

与客厅装饰相对应的餐厅设计实施"对应法"设计，显然是一种很见成效的方法。这样做，至少不会出现装饰风格上的设计错误。现时流行的装饰风格有现代式、简约式、自然式、简欧式、古典式与和式等。业主很看重家居整体风格的统一性。为维护风格的统一，餐厅的装饰设计要善于实施对应法。

实施对应法，并非不需要变化，而是依据餐厅原形，结合业主的意愿，灵活地、巧妙地实施对应法，既做到装饰风格与客厅相一致，又要充分体现餐厅的特征，尤其是餐厅顶部和墙面的装饰应完全独立于客厅的装饰风格。

例如一套简欧式风格的餐厅，顶部的设计如图 1-11 所示。其客厅是简欧式装饰风格，餐厅装饰以配装"罗马柱"造型设计，配橙色花型吊灯，餐桌以白色圆形式样，摆放在特有造型的高差台中央，与客厅的装饰式样和色调交相辉映。此套居室是从进门到客厅，再进入餐厅，因而给予餐厅全开放式设计，并配有镜子，使餐厅更具透明性。

图 1-11　简欧式装饰和配饰餐厅风格设计

二、善用和谐法设计

餐厅的使用功能比较单纯，不像客厅那样是具有多功能性的公共活动区域，也不像厨房那样"包罗万象"，餐厅的要求重在和谐，给人营造出一个轻松的氛围。

餐厅的设计不要过于繁杂，简洁更容易显示出和谐的气氛来。例如，照明温和，主灯可用普通灯泡装配在黄色的玻璃或塑料灯罩里；或是选用橙色的灯泡装配在白色透明的灯罩中，都很不错。这样的灯饰设计很简单吧！假若业主觉得灯饰太简单，可在餐厅就近的墙面上，再各装配一盏或两盏柔和的壁灯，那样就非常有气氛了，也完全能满足就餐照明需要。

为了使餐厅氛围与客厅有所区别，能凸显餐厅特有的温馨，餐厅墙面应选用不同于客厅墙面色彩的涂料，如淡黄色、橙色和奶酪色等都很合适。这些色调让餐厅显得宁静和谐，有一种淡淡的温馨感，可让就餐者增强食欲，享受美味。

餐厅的墙面设计应要求整齐简洁，不能过度造型。可在平整、平直的墙面上增加点色彩。如果业主有一定的文化品位和艺术情趣，可在餐厅的墙面上挂一两幅清亮淡雅富有文化色彩的画框，也可在酒柜和地面上摆放几盆花草，都能很好地烘托出轻松和谐的氛围。

餐厅地面的装饰设计，应凸显清秀和简洁。铺设地瓷砖以中小幅面的为好，要能防滑和易吸干水分的。同时，踢脚线也以同样的瓷砖镶贴，有利于将餐厅地面装饰出一个独有特色的效果。

为体现餐厅的和谐，很重要的一点是要善于配装后期软饰，如桌布、窗帘、桌椅垫和餐具上的一些什物等。这些配饰如果能合理搭配，会为餐厅大大增色。如运用蓝色和白色，或绿色和白色，或红色和白色等色彩搭配，可显示出清新明快的风格。如图 1-12 所示。

图 1-12　体现和谐温馨特色餐厅装饰设计

三、善使实用法设计

现在大多数居室的餐厅多与客厅、厨房相连，也有利用厨房与居室之间的空间做餐厅的，这样的餐厅多多少少存在着建筑上的不足。有的居室有专用的餐厅空间，由于住宅建筑设计和朝向的原因，又或多或少存在这样和那样的不适合，均需在装饰设计时给予调整和弥补。

大部分居室坐北朝南，餐厅、客厅与厨房连在一起时，南北风可贯穿而过，厨房内的气味或油烟会影响到餐厅，甚至影响到客厅。这种结构的居室最好对餐厅与厨房之间做全封闭式设计，就是说，从厨房进入餐厅时，必须设计有一道门隔开。这道门，无论是开启式还是推拉式都行，以推拉门使用居多。如图1-13所示。

图1-13　餐厅与厨房封闭装饰设计

由于住宅建筑设计上的缺陷，有的次卫生间的门正朝着餐厅开的，这显然有诸多的不妥，影响餐厅的使用功能。虽然住宅物业管理上，不允许破坏原型结构，但是，为了餐厅的实用成效，最好向物业管理部门进行说明和作出报告，将次卫生间的开门朝向改变，或在厨房一侧，或改从走廊，或从阳台等方向开启。一般次卫生间开门处是建筑隔墙结构，不是承重墙，改动后不会影响到居住安全，是可以实施改动方案的。

如有房子是大框架结构，需要重新划分居室空间的，就可以统一规划，不会发生上述设计缺陷。

按照中国人传统的生活习惯，餐桌是不宜摆放在窗户下的。如图1-14所示。即使餐厅空间面积再小，也应当将餐桌摆放有墙面靠的方位，而不是靠近窗户。现在多是将餐桌摆放在餐厅中央，餐桌四周都可以坐人随意就餐，体现餐厅的宽松条件。

图 1-14　体现中国传统式餐桌摆放装饰设计

1.3　特色主卧室设计窍门

　　主卧室的装饰设计，必须着重体现在使用安全性、实用性和舒服性等方面。设计要求少出和不出差错，让人感觉到设计是合理和见成效的。业主一般认为，一个家庭装饰工程，除了客厅这个公共活动区域需要设计做出特色和亮点，能够显示出不同寻常外，主卧室的装饰设计也不能够一般化。这样，才能够体现出这个家庭装饰是成功完善的。所以，对于主卧室的设计要求，同样是十分严格和体现高水平的，切不可掉以轻心。

一、安全确保法设计

　　主卧室装饰设计要确保安全，这是体现设计水平高低最显著的标准之一。主卧室的安全性主要反映在以下几个方面：一是人的私密安全性；二是人的休息安全性；三是家庭财物保管的安全性。主卧室的装饰设计必须紧紧地围绕着这些做好，做出特色和成效来。

　　主卧室储藏柜设计要巧妙，并要遵循不让人直接窥视到的原则，这是确保主卧室安全的重要方面。

　　现时的主卧室大多与主卫连在一起，有不少方案设计成通透式的，在主卧室通向主卫的连接处设计安装一道推拉"玻璃门"，再无别的隔断和封闭。这样的装饰设计，虽然说使用很方便，却隐秘安全性不足，日子久了，主卫生间的气味或多或少会影响到卧室。况且，使用卫生间的声响也易入耳，造成对休息者的影响和干扰。

　　有一种特色设计就大不同了，其设计做法是，在不改变从主卧室进入主卫的秩序下，在主卧室到主卫间之间，先设计一堵墙式的储藏柜，柜门也是设计成横向或铝合金或铝镁材玻璃推拉门。在拉开铝合金玻璃推拉门后，于储藏柜的中间部位设计增加安装一道隐形门，门高 1.8m 左右。人从这里进入洗漱间，再过洗漱间进入卫浴间时，又设计安装一道

铝合金或塑钢框架的玻璃推拉门。这种从主卧室进入主卫间的设计，既能充分地利用空间，又显得十分地隐秘。不明了情况者进入主卧室后，往往找不到卫生间，并对储藏情况也摸不着头脑。同样，人在卫生间里沐浴或方便时，主卧室内也听不到声响，当然也就不会影响休息者了。这种装饰设计与前一种直接通透形式相比，会显得更合理，其安全性、隐秘性更是不用说了。如图 1-15 所示。

图 1-15　主卧室储藏柜内设隐形门进入主卫生间

　　确保主卧室安全的另一个方面，则是将门、窗户和窗帘的装配设计好。主卧室的门必须是实体门，结实和密封，而不能用铝合金或塑钢等材料做成框架的玻璃门。门与门套应配套设计组装，不可以门是外购，门套是现场做的。如果这样做，往往会造成门与门套不相配，容易出现门与门套间隙过大或过小的弊端，造成开关门时有响声或门与门套不对位等问题。有时候还会因为运输不当，造成购买的门扇变形不合套，有的门扇购回后发生翘角和弯拱或者装饰面板起鼓脱胶等质量问题，影响门的装配，甚至还会发生安全事故。

　　窗户和窗帘的设计配装也要合理合情。窗户装配要密封，少有间隙，无变形。这样的窗户隔间效果会好些。窗帘的设计配装最好是双层和大幅面的；既能遮光与隔音，又能兼顾隐秘与安全，不至于稍有风吹草动，就要影响休息。

　　主卧室的灯饰，一般主灯配装在顶部中央，灯形不宜过大，灯光要柔和。如果卧室面积稍大，可在床头与床尾部的墙面上各设计配装壁灯。其灯光也不能太强烈，有灯罩把握着光线。若是业主有坐在床上看书的习惯，床头灯可设计装配能调亮度的那种灯具。也可以在床头柜上安放台灯，或在床头边放置落地式灯。如图 1-16 所示。

图 1-16　大幅面双层窗帘和灯饰配置装饰设计

二、简洁好用法设计

合理而实用的主卧室装饰，最重要的一点是依据房间的原结构形状和业主的意愿，做出针对性的设计方案。

例如有这样一套主卧室，业主要求只做简洁好用的装饰。设计师做设计时的主导思想是方便使用和有利于安全隐秘。设计师巧妙布局，精算细做，合理安排，该方案令业主很满意。如图 1-17 所示。

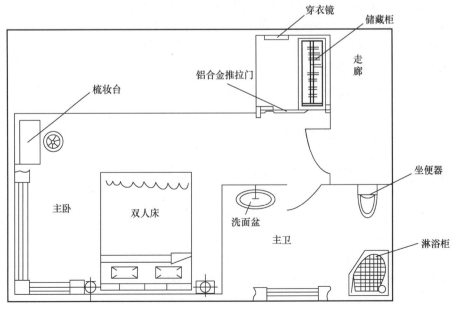

图 1-17　按主卧原型结构做简洁实用装饰设计

进入主卧室的门，在门后即进门的右边是一个约 $4m^2$ 的长方形空间，把主卧室的储藏柜设计布局在这里，以纵向式"一字形"靠墙摆放，从顶面到地面不做柜门，只在进入该空间的口子处安装一道铝合金推拉门，把整个小空间密封起来，储藏柜不做门也显得隐秘和安全。储藏间的正面墙面上悬挂一个长方形的穿衣镜，顶上部设计配装一盏吸顶灯。这样一来，储藏间里既隐秘，换衣打扮或收拾衣物又很方便。

主卧室门的左边，即有一扇门进入主卫生间，门对面有扇小窗户。依据空间状况，将淋浴间、坐便器和洗面盆分别布局在一个成 $90°$ 角形的两个墙面下，摆放很合理。原本打算将坐便器与淋浴间这边空间与洗面盆那边空间分割，通过安装一道铝合金推拉门，与洗面盆隔开，使洗面盆这边成为独立的洗漱空间，因业主不愿意而省略了。

进入这间卧室内，正面设计摆放一张梳妆台。卧室内的双人床和床头柜及落地式的灯与壁灯如图摆放。顶部中央设计安装一盏吸顶灯作为主饰灯。该主卧室的窗帘设计是整个主卧设计中的一个重点。这一间主卧室的窗户比较大，且成 $90°$ 转角，飘窗台面很宽敞，从视觉效果上，给人的印象是主卧室显得"矮"而不方正。

设计时，将窗帘分成两个幅面的设计方案，一个是内窗帘方案，平内墙面从顶面下垂到地面做 $90°$ 转角的大幅面的窗帘，以切断飘窗台面的空间面积，选择的窗帘色彩与白色墙面相近似，致使方卧室空间面积呈紧凑的方正形，解决了视觉上不舒服的感觉。外窗帘是在沿窗台顶部成拐角 $90°$ 的形状里，设计装配的窗帘以窗户空间高度为基准，做连体型轨道窗帘，选择的色彩为青色，既起到遮住阳光的作用，又起到保护飘窗台板的作用，还可成为台面上摆放什物的背景。这一主卧室设计方案，显得简洁而实用。

三、色调清淡法设计

主卧室的设计，从色调上看，以清淡色彩比较受欢迎，大多数业主更易接受淡雅的卧室装饰。

主卧室不是客厅，是业主的私密空间，如果装饰色彩过于艳丽、招摇，显然不符合中国人的生活习惯。中国人多以含蓄和内秀为主要特征。另外，色彩太鲜艳容易引起情绪激动，不利于睡眠休息。按照中国人的传统观念，"清淡"过得长久，"清淡"有利于健康，"清淡"有发展空间并留有余地，"清淡"是大多数业主内心的意愿。

主卧室的色调，要让人感觉视觉上舒服，使用上方便。因此，在考虑居室原型改造整体布局，以及摆放的家具、用具和装配的窗帘、床罩，到工艺品、装饰品及日常用具等，都应往这个基调上统一。即使是在主卧室内设计装饰整体的综合柜，除了摆放电视机与功放机外，大多是摆放具有收藏价值的物件，而不是耀眼的什物。在有条件的家庭里，这些装饰物件多摆放到书房或专门的陈列室里，而主卧室主要还是给物件起到储藏作用，因而主卧室的装饰设计多偏重于"清淡"实用型。

主卧室的墙面、顶面和地面的色彩，多为浅色调，除了铺设的木地板有稍深一点的色彩外，大多采用白色、淡蓝、淡粉红、淡黄和淡青色为主体的色彩。

与主卧室连成一体的主卫生间的装饰色调，也多选择浅色彩的墙瓷砖和地面砖。吊顶选用的铝塑、铝镁等铝合金装饰材料的色彩同样为浅色调的多。灯饰光除了起保温作用的"浴霸光"很强烈外，大多是柔和光。

如果要设计彩色灯饰，也是柔和的淡黄色、淡白色或淡蓝色等。即使是落地式灯、床头柜上的台灯和壁灯及灯带等灯光，也多是淡色柔和的灯光，不会是强烈光的。

　　即使是为卧室内设计装饰"亮点"，例如给具有特色效果的储藏柜的铝合金玻璃推拉门上选图案，为窗帘布艺选色彩和选择床罩等，也大多是选用以浅色调的、柔和、典雅为主的色彩和式样，不会是大红大绿或大型图案等特别刺眼的跳跃式色彩。因此，在做主卧室的装饰设计时，一定不要放弃色调清淡这一法则。如果求变化，也只是按照业主的不同意愿进行小面积的点缀式的设计，以求呈现出不一样的"亮点"，来显示各个主卧室的特色，展示设计的新意。

　　不过，在满足大部分人色调清淡需求的同时，也要满足一些个性化的要求，有的业主坚持主张主卧室内色彩要艳丽、图案要大气，把自身时常置于幻觉环境下，希望自己热情奔放，激情满怀，豪情常驻。为了尊重业主的生活习惯，设计时应灵活运用。如图1-18所示。

图1-18　色调清淡法主卧室装饰设计

1.4　特色次卧室设计窍门

　　次卧室分由老人、少儿及男性、女性等不同的人群使用，次卧室的设计要根据使用对象来进行。虽然说，次卧室的设计在整个家庭装饰中不占有重要地位，但如果能做出特色效果，同样会给整个家庭装饰方案锦上添花，给业主及其家人以良好的感觉。

一、有的放矢法设计

　　设计人员应针对各次卧室使用对象的不同要求，有的放矢地进行设计。

　　例如，对老人卧室的设计，就应依据老人的心理和生理要求来考虑方案。老年人讲究的是安静、安全，居住使用要舒服、舒坦。具体地说，色彩不刺眼要平和；家具和用具要合适，柔软有度，易取易放，使用方便不别扭；灯光既要明亮，又要柔和。要考虑安全性，不要容易造成行动障碍和身体伤害的设计。老年人特别青睐"绿色生命"，其使用的卧室设计，要有带来生机的特殊考虑。例如，开窗容易，有放置绿色植物的方便等。这样，一定会让老年人使用起来心情舒适。如图 1-19 所示。

图 1-19 针对老人的特色次卧室装饰设计

老人卧室的装饰一般很简洁，除了老人休息睡觉用的床铺外，还在床头配有矮柜和台灯；配置简单的台桌和储藏柜；地面铺设软性木地板；顶面设计的主灯为吸顶灯；墙面可装配壁灯，也可省略不配。主要特色是其床铺不同于一般，高矮适度，便于老年人起坐，休息时靠靠身体也方便；床头床尾都是一个样，方便老年人起身时扶着床档；床垫可以是令身体舒适的席梦思。

次卧室要是少儿使用的，就要体现出活泼生动的特色来，同时针对孩子的性别和爱好等，做出有的放矢的装饰设计。例如主灯饰的设计，就要依据少儿的喜好去选择一种装饰形状，如鱼儿形、花儿形、球形或小猫小狗形等，能让少儿对卧室装饰产生愉悦的感觉。还有墙面上色彩的变幻、造型的设计，都要有明显的针对性。如图 1-20 所示。

图 1-20 针对少儿的特色次卧室装饰设计

如果次卧室使用人是年轻女孩儿，则在储藏柜、化妆台和配饰设计等方面，一定要体现出女孩儿的特色。假若该女孩儿追求新潮、浪漫风格，就要设法在灯饰上、墙面上或家具上做出浪漫新潮的设计式样。若是该女孩儿爱读书，性格文静，卧室的设计与前应当大不相同，着重体现文化氛围浓厚的特色。如图1-21所示。

图1-21　针对女孩儿的特色次卧室装饰设计

二、主次对比法设计

这是针对卧室装饰设计采用的一种好窍门。若主卧室的墙面、顶面或地面进行了造型和有色彩变化的设计，次卧室就只做普通装饰，或依据业主及其家人的意愿做一点、一线和一个面的造型变化装饰设计。主卧室墙面装饰设计为白色调的，次卧室墙面则可作彩色调的装饰设计。主卧室的装饰设计做四个墙面的彩色壁纸粘贴，次卧室则只做靠床头墙面粘贴浅色壁纸。主卧室的装饰设计不做任何造型变化，次卧室的装饰设计便可根据需要做电脑操作台、书架或装饰品的陈列架台等。如图1-22所示。

次卧室与主卧室里的灯饰设计，同样可采用对比法，使灯饰有着丰富多彩的变化。如主卧室设计的是吸顶灯，次卧室的灯饰设计可选用吊式灯，或依据使用者的喜爱进行多种造型灯饰的选择，如动物形、花样形、球形等，次卧室的灯饰装配可以有极其丰富多样的变化，展示装饰设计的新颖成效，也有利于主卧室"定型式"吸顶灯的做法。如图1-23所示。

次卧室里的家具、用具的配饰设计，也可与主卧室对比着设计。主卧室里的家具常规都是安排储藏柜、化妆台、双人床和床头柜等，一般不再安排别的家具或用具，最多也只是把储藏柜设计成综合式的，而次卧室的家具、用具等，却可凭个人爱好兴趣和使用方便来做任意设计方案，不像主卧室那样要保障私密、安全和储藏功能等。次卧室的装饰设计是可以多样性的，可依据建筑原型和业主及其家人意愿做出不同的设计。

图 1-22 与主卧室形成对比的次卧室装饰设计

图 1-23 次卧室主灯可设计成各种式样

同时，次卧室里还可以做特殊设计。例如作为闺房，居住者是一位练习舞蹈的小姑娘，在其卧室里地面利用落差方式，将空间面积的三分之一做出一个台面的设计，给使用者做练习舞姿、锻炼身体的区域。如图1-24所示。

图1-24　利用落差做次卧室地面装饰设计

三、主次协调法设计

在家庭装饰中，业主一般很重视主卧室的装饰设计。因为主卧室一般由业主本人使用。由于主卧室本身的特性，造成了主卧室设计的局限很多。为了把家庭装饰整体做出与众不同的特色，在次卧室的装饰设计上可以灵活变化，弥补主卧室设计的中规中矩。例如，由于主卧室的面积空间不大，如果把储藏柜仍然安排在主卧室内，主卧室会过于紧凑，业主使用起来不舒适。这样，针对情况的不同，设计者应主动建议将储藏柜安排到次卧室里，以缓解主卧室的紧张。

有的业主喜好把会客、学习、写作、绘画或办公室等汇集到一个居室里，如果将这些功能布局在主卧室里，显然会影响到主卧室的私密性、安全性等。设计者应当依据建筑结构主动地考虑将这些功能安排到次卧室或其他居室里。例如，有的家庭建筑房型就是次卧室和书房在一个通间里，那么，就理所当然可把诸多功能安排在这样的格局中，给使用者带来方便。如图1-25所示。

同时，对主、次卧室的设计还可以结合起来考虑，一定不要局限于表面，要将装饰设计的思维和眼界放宽，才有可能做出特色，提高水平，提升档次。一般业主都企盼装饰要"亮点"多，希望主、次卧室都能既美观又实用。如果面对的居室面积小，空间又不高，那么，千万不要被表面状态所困扰，要动

图1-25　次卧室形成会客、工作和休息区域

脑筋，灵活实施，采用主次卧室协调补充的方法，将小面积空间的房型设计成收放形、层次形或立体形等，把有限的小面积空间做出多功能的装饰效果。

总而言之，要充分地应用好主次卧室协调补充的方法，将次卧室的装饰设计，做出亮点，做出新意，做出时尚，以弥补主卧室装饰设计中难以克服的缺陷和不足，使业主及其家人的意愿能得到满足，让特色次卧室装饰设计有个新突破。如图 1-26 所示。

图 1-26　次卧室装配双层床铺的设计

1.5　特色活动室设计窍门

随着人们对居住环境日益追求宽松舒适和功能齐全，一个家庭装饰设计，除了正常客厅、餐厅和主、次卧室以外，还有着活动室的装饰设计，具体包括书房、电脑室与文体活动室等。活动室的装饰设计要按照不同的使用功能特征做出有特色的方案来。

一、分别职业法设计

由于业主的职业不相同，活动室的装饰设计要求也会随之大不一样。例如，喜爱读书的业主和文化修养好的业主，对于活动室的装饰设计要求会以文化气息浓为主。这样，设计师在做装饰设计时，就应该围绕着提升文化品位这一个目标来下工夫，做设计。这样做出来的设计方案，才能够体现出业主的特质，符合业主的要求，装饰效果才会受业主青睐。

讲究文化气息的活动室，要选择好活动室的位置，把安静放在首位，尽量避免使用时的干扰。如果是在同一层同一方位的房间，要选择单独间，离客厅与餐厅远一点为好；复式结构的层面，可选择单独一层作为活动室。设计时，要选用隔音与吸音效果好的装饰材料。效果好的装饰材料，顶面可用吸音石膏板吊顶；墙面可用亚光乳胶漆涂饰，或是粘贴吸音装饰壁纸壁布；地面可用吸音效果好的地毯；窗帘选用较厚实的布质材料，能阻隔声音，或是设计装配双层中空玻璃，做到雅致好用。如图 1-27 所示。

图 1-27　以文化气息为主的活动室装饰设计

　　如果业主喜好电脑操作，那么，活动室的装饰设计，就要以适合电脑使用的特性作为要点。一般情况下地面铺设木地板，最好是防静电地板；墙面和顶面采用防静电涂料；还应要求室内温度可控制在 20~30℃之间，这样有利于电脑的正常使用，其主要做法是设计安装空调机。同时，在装饰设计时，要保证电脑活动室的通风性能，最好是有人工换气装置，确保室内空气洁净。要把门窗设计成密封形的，以防尘防脏物侵扰。室内墙面色彩的装饰设计，应多采用蓝色或灰色等冷色调，这些色调有很强的现代感和宁静性。如图 1-28 所示。

　　若业主是体育爱好者或活动爱好者，在做活动室装饰设计时，则要把重点放在能使活动空间和装饰特色有利于体育锻炼、音乐练习和棋牌类活动上来。有必要的要先将活动室地面做出层次来，安装带弹性的木地板，墙面和顶面做出以暖色调为主的涂饰，如粉红色、淡绿色和淡黄色等，或是粘贴同样色调的壁纸壁布。如图 1-29 所示。

图1-28 以电脑操作为主的活动室装饰设计

图1-29 以文体活动特色为主的活动室装饰设计

二、动静结合法设计

家庭活动室的功能作用，不是客厅和餐厅那样的公共活动区域，也不是主卧室和次卧室那样的私密区域，而是在两个方面兼而有之。但有其独特的功能作用。装饰设计时，应当根据其不同的用途，体现出不同的特色。例如活动室若以文化气息为主，其设计要点应放在既能控制外来干扰，减少噪声侵入，又能成为密封式的区域，防止灰尘随意侵入；若以操作电脑为主，还要能防止操作电脑产生的静电，防止雷击，保证人身安全和健康。同样理由，如活动室是以体育锻炼、棋牌活动为主的，则只要达到一般的状况，或是依据业主的意愿对墙面和地面做出有针对性的装饰便可以了。

在安排活动室时，一般既要安排"静"的活动位置，又要考虑"动"的活动空间，做到"动""静"结合。

例如，以文化气息为主的活动室，在实际使用时会经常作为亲朋好友闲聊或品茗的场所，所以在做设计时，也要考虑到有"动"的空间。活动室地面的设计既可铺设木地板，又可镶贴大幅面瓷砖。不过，品茗区域，也需要增铺防湿地毯或其他保护物。家具不仅有书柜和书桌，而且还应当增加品茗用具。如图1-30所示。

图1-30　以文化气息为主的动静结合的活动室装饰设计

又如，以文体活动为主的活动室，除要有利于体育锻炼及棋牌与乐器练习活动等，还应适当留出"静"的空间。至于如何制定具体的方案，则要多征求业主的意见。如图1-31所示为动静结合的活动室装饰设计。

三、凸现功能法设计

由于每个家庭的要求不同，活动的内容会不一样，因此，不能统一将活动室设计做成一致的方案。不过，家庭活动室无论是做什么活动的，不管是以"静"为主题还是以

图 1-31 动静结合的活动室装饰设计

"动"为重点，都要依据其"主题"与"重点"来凸现其功能。

然而，从现有家庭的装饰设计来看，对于活动室的重视是不够的。无法体会到凸现的功能和特征，与一般居室没有多大的区别。因此，要想把家庭装饰设计提高到新的水平，必须从应用凸现功能法开始，把活动室的装饰设计做出新特色。

如文化活动室的装饰设计，不只是从书柜、书桌和悬挂字画方面来体现，还要从灯饰的外形、色彩等方面多加考虑，体现出浓郁的文化气息。如有的灯饰外形，上面有字或有画，文化色彩很浓。这种灯饰外观特别适应于古典式或中式的装饰氛围。如果活动室的主灯饰选择文化味强的，活动室内配装的台灯、落地灯和壁灯也选用凸显文化气息的，便可形成清一色的文化形体，一定会给人不同寻常的感觉。如图 1-32 所示。

同样，活动室配饰的选择，即从墙面的挂饰物到家具及用具的选用，也要展现出文化特色，营造出文化氛围。如除了书柜背面墙面，其他空余的墙面，甚至进入活动室的门与门框造型，都可以通过安排字画作品来做出特色。这样装饰出的活动室，必然会让人感觉到别具一格，不同一般。

对于以文体活动为主的活动室，就可以应用凸现功能法，从室外到室内营造出特有的气氛。如图 1-33 所示。

图 1-32　以凸现文化功能为特色的活动室装饰设计

图 1-33　以室外营造特有氛围的活动室装饰设计

1.6　特色厨房设计窍门

中国人特别讲究吃，却又不太喜欢下厨房，因为下厨房劳累。所以，在给新厨房进行装饰设计时，一定要解决"累"的问题，从方便、舒适、顺畅和智能上做好文章，做出特色，使得在新设计出的厨房里干活，不仅不会感到累和厌烦，而且还觉得有趣味，是在弹奏油、盐、酱、醋、姜、蒜、葱的交响曲。不存在对烟、气和累的畏惧。只有这样的厨房设计，才算得上是成功的。

一、使用便利法设计

使用便利法进行装饰设计，就是要使设计出来的厨房达到使用方便、操作随意，感觉舒坦的目的。这是新厨房设计最重要之处。

由于厨房面积空间不大，且是管、线比较集中的区域，装饰设计好与不好，不仅在视觉上，而且关系到使用方不方便和安不安全。现时的设计大多采用管线隐蔽墙内的做法，把一些不常出问题的管线置于墙体内隐蔽起来。例如，厨房顶部的管道和电器、照明和排风线管，均是采用防水、防潮与防腐的微孔扣板做吊顶后给予遮掩起来；对于竖在墙角边较粗大的下水管道，则是使用轻质墙板等材料封住后，再在其外部镶贴瓷片，或用铝塑板，或用防火防潮板装饰起来，留出适当的检修口。然而，入户的主水管道和煤气管道等是不允许隐蔽的，可采用灵活的方式进行设计装饰。

在解决管线的问题后，要使厨房使用便利和不觉劳累，就要在有限的空间内，把各种需要放置的物件和用具安排得科学有序，使用方便。如在小小的夹缝中设计一个小搁台，以把油盐酱醋等的瓶瓶罐罐安排得井井有条，必要时，还可在墙面上设计几个搁物架，同厨房的壁柜和操作台上下相间着，使用起来会觉得很方便，看着也舒服。如图 1-34 所示。

图 1-34　充分利用空间安排搁物架的设计

要使厨房的使用方便轻松，最重要的还是做好操作平台的设计，这是关系到下厨房作业时，是劳累还是轻松的关键。因此，设计的时候是不可以随心所欲的，必须按照建筑空间和使用者的身高确定高矮尺寸，以方便使用而又不觉得劳累。至于是做"一字形""二字形""L形""U形"或"岛形"的设计，还要依据厨房的结构面积与业主的意愿做出最合适的方案。如"一字形"的操作平台适合于狭长的厨房；"二字形"或"U形"的操作平台则适合于宽敞的、长方形的厨房，呈"二字形"的操作平台中间相距以1.2m左右为宜；"L形"的操作平台较适宜于一边过长，而拐过边过短的空间，这样的装饰设计，既不占去过多的地方，使用起来又很便利，一般设计是把操作平台靠墙面部位，不占有过多的面积，进出很方便，操作时是沿着一个边，一步一步地顺着秩序由外向里、或是从里向侧面进行操作，显示出有条不紊的感觉。如图1-35所示。

图1-35　"L形"操作平台装饰设计

根据使用便利法则，在将操作平台设计定型与定位后，就是针对设计状况，再相应地设计一个与操作平台相适宜的坐式附加平台，使下厨者不必老站着操作，而是很舒适坐着干活，轻轻松松地把饭菜做出来。不过，坐式附加台可以是活动的，或是设计应用一个能升降的活动凳也是可以的。厨房里的垃圾筒应当设计配装在洗漱池下的矮拉门上，当打开柜门时，垃圾筒便显露出来，装上垃圾后，把柜门关上，垃圾筒便随之隐藏于洗漱池下的空间内，给人视觉上舒适和使用上便利的感觉。

二、色彩平和法设计

厨房的使用要感到舒适不累，除了"硬件"上尽可能有好的条件外，还应当从"软件"上给予良好的设计。若厨房墙面、顶面和橱柜的装饰色彩及灯饰光的设计做得不好，同样会造成视觉和人身的疲劳感。因而，应用色彩平和法，将色彩和光线设计得恰到好处，也是厨房装饰设计非常重要的一个环节。

厨房内色彩装饰设计与灯饰光线是紧密联系在一起的，是与业主及其家人的喜好分不开的。由于业主及其下厨者的喜爱，会增加对下厨房干活的兴趣，无形中便降低了使用操作的疲劳感。

一般情况下，厨房墙面和顶面的装饰设计是白色、乳白色或淡黄色等墙瓷片镶贴，顶面采用铝塑、铝合金或铝镁材扣板做吊顶。这样，在自然光的照耀或映衬下，厨房里的色彩明度较高，显得洁白、干净和舒适。尤其是有的业主选用白色墙瓷片镶贴时，还特意挑选各色图案的配饰，就更增添了厨房装饰的情调，活跃了厨房内的气氛。同时，这一类色彩装饰设计，还为灯饰的设计打下了良好的基础。日常生活中，人们感觉橙红、橙黄和棕褐等色彩能刺激食欲，于是，有了白色或乳白色的墙面和顶面，就正好从灯饰上选择此类光源，以此来提升厨房的品位。如图 1-36 所示。

图 1-36 厨房墙面装饰设计选用花色瓷片

如果厨房面积过小，使下厨者有压抑感，那么，在厨房的墙面装配选择橱柜的色彩时，便不能一律采用白色或乳白色，而应选配红、白、淡蓝与灰色等冷色彩组合成的条形或块状形，使窄小的空间在视觉上得以拓展。

假若厨房较宽敞，自然光又好，则在墙面、顶面及橱柜的色彩装饰设计可配以咖啡色、红色或淡黄色等，其灯饰光源配装白色与橙黄等色彩，能给下厨者一种沉静之感，同样有降低疲劳感的效果。

对不同面积的厨房，把握厨房装饰色彩设计和灯饰光的选用，为的是使厨房色彩平和适用。同样，厨房里橱柜的色彩也要平和，给使用者视觉上以干净舒适感。如果是在北方，橱柜色泽多以棕褐色、橙黄等暖色调为好，这样可以调和白色或奶白色墙面和金属厨具带给人的寒冷感，再加上暖色调的灯饰光的缓解，会使厨房里的风格平添了几分新颖。假如是在南方，橱柜色泽则以乳白，橙黄和原木色泽为宜，可给厨房以清新的美感，让下厨者有赏心悦目的感觉。如图 1-37 所示。

图 1-37　厨房选配适宜色泽作装饰设计

三、适应智能法设计

随着时代的发展和社会的进步，对厨房的装饰设计日益讲究科学环保，智能型电器和厨具已走进厨房。为提升设计水平，应根据业主的要求和经济能力，不失时机地做好这方面的设计工作。

智能调控，主要包括智能集中调控、无线调控、情景控制、背景音乐控制、智能开关、智能插座和智能安防等自动化调节控制装置。这是实现现代化厨房操作必须采用的，可根据情况选择、设计。现在厨房里的电冰箱、微波炉、烤箱、洗碗机和清毒柜等，其实就是智能型厨具的应用，只不过这些自控式厨房用具，很快就会变成集中控制或是遥控式的。显然，在不久的将来，具有多功能式带自控与遥控式的厨具，一定会日益广泛地运用，并且向着集中控制或智能调控的方向发展。这样，厨房的装饰设计就不能停留在旧有观念和做法上，必须有着超前思维概念和适应发展要求的能力。

厨房的通风和灯光，以往多是依靠自然条件，最多也是利用排气扇排风和更换灯泡进行调节。然后，不久之后，厨房里的通风排气和灯光的调节，必定是由智能式自动调控的。现有的电器厨具必将要做很大的改变，以适应智能型的要求。

智能型厨具先进、新颖和时尚，但是使用时在方便性、安全性等方面，也比普通型厨具要好得多了。如图1-38所示。

图1-38　智能型厨具的装饰设计

1.7　特色卫生间设计窍门

卫生间看来不是很重要，但在家庭装饰中是不可忽视的部分。因为其使用频率非常高，给卫生间的设计合不合理，质量高不高，对家庭装饰效果有着很大的影响。现有的住宅大多有两个卫生间，主卫生间与主卧室连在一起，归业主专用；次卫生间则是公用的。两个卫生间的装饰设计重在实用，但在装饰风格上应与整个家庭装饰相一致，要美观大方，使用方便，感觉舒适，能适应洗漱、便溺、沐浴和化妆等使用要求。同时，还要保证使用的安全和私密性，不能为了通风采光效果好，就将卫生间设计成通透式。应当将两者关系处理妥当，才是成功的卫生间装饰设计。

一、隐秘适宜法设计

卫生间的隐秘性应当同卧室一样。虽说主卫生间同主卧室连在一起，有的业主对隐秘性不很在意，然而，作为装饰设计师，是应当提出来的。这样有利于自己掌握设计的主动性，避免不必要的纠纷。

通常意义上的隐秘性是针对外人而言的，但事实上在家庭内部注意隐秘性也会更有利于家庭生活的和谐。应用隐秘适宜法做卫生间的装饰设计，可将卫生间分成盥洗和浴厕两间，干湿分离，互不干扰。如果要求设计更为精准，还可将浴厕再分出淋浴专用间，沐浴不影响便溺。如图 1-39 所示。

图 1-39　卫生间装饰设计分出"干湿分离"的区域间

这样干湿分离的装饰设计，充分地利用现代装饰材料，在一间只有几平方米面积的中间部位设计一道铝塑、铝合金或铝镁材装配的不透明玻璃推拉门；沐浴专用间也同样运用

钢化玻璃做出一间 $1m^2$ 或 $0.8m^2$ 大的空间，正好容纳一个人站着淋浴。这样一个淋浴间，还要相应设计热水装置、保暖和排风装置，以确保使用的方便与安全。这些设施的开关要设计安装在淋浴间外面，并带有保护装置；使用的燃气热水器，一般也不设计安装在卫生间内，而是安装在通风好的区域。

专用的沐浴间地面是有座子的，留有一个漏水眼与地漏连接在一起，让沐浴水直接进入地漏流走。如果原地漏不在沐浴间相近部位，则在卫生间地面装修做完防水涂料后，在铺设地面砖时，预先埋上一根 $\phi 40mm$ 或 $\phi 50mm$ 尺寸的铝塑复合材管子与地漏连接相通，并密封好，以利于水流入下水管内。如图 1-40 所示。

图 1-40   主卫生间设计装配淋浴间

值得重视的是，在镶贴洗浴间装置相隔房间墙面瓷片前，必须给墙面做防水处理设计，一般高度不得低于 $1.8m$；与浴缸相邻的墙面应高于浴缸上沿处；整个卫生间防水层高出地面 $300mm$，以免其他居室墙面和装饰设施受水气侵害而发生霉变。尤其是卫生间的门套，不仅要给墙面做防水处理，而且要给门套材内部既做防水处理，又做防水膜贴里，严格防止门套材受水气的侵蚀。这是家庭装饰中至关重要的一个环节，切不可马虎大意。

卫生间顶部一般是要做吊顶的，为的是既要遮掩管线，又方便配装灯饰、保暖和排气装置。例如卫生间的落水管，用电线管，或配装"浴霸"与排气管等，都需要用吊顶棚加以隐蔽。在吊顶的装饰设计上，对于与窗户相连通的"浴霸"排气管伸出部分，要将相对窗户面给予密封，只留下一个管孔，以确保吊顶面上管线的隐秘和安全。如图1-41所示。

图 1-41　卫生间应用铝合金材吊顶和装配照明排气装置

二、主次互补法设计

遇有主、次两个卫生间的装饰设计时，有必要应用主次互补法，既解决使用功能重复，充分发挥各个卫生间的不同功能作用，又可使功能缺陷得到相互补充。

设在主卧室内的卫生间称主卫生间，其私密性很强。由于使用时关上了主卧室门，处于随意的状态中，无需那么多的讲究。故在设计的时候，应当主动地征求业主的意见。比如，沐浴是配装淋浴间，还是浴缸；便溺是选用坐便器，还是蹲便器；洗漱与洗浴是否分开等，需要按照业主的意愿进行设计。

由于主卫生间多比次卫生间大，因而更有利于对许多的使用功能做出设计方案。比如，设计搁置小物件的不锈钢架子的适当位置；设计梳妆台与试镜架；设计卫生用品储藏柜等，设计前有必要征询业主的意见。还应依据业主的个性、情趣、爱好和习惯等，做出有特色的装饰设计。例如，有的业主愿意将主卫生间和主卧室做成通透式装饰设计，只要求在相连接的间隔处，配装推拉门隔开；有的业主要求沐浴配装冲浪按摩式浴缸，不做淋浴间，以享受生活情趣与温馨。如图1-42所示。

次卫生间一般设在客厅边上，由家人和来客使用，其功能比主卫生间要简单得多。在原有建筑装饰时，次卫间大多配装有蹲便器。在做家庭装饰设计的时候，为了使用方便，

图 1-42 主卫生间与主卧室做通透式装饰设计

会做干湿分离的装饰设计。进入次卫生间便是洗漱台，墙面上配装小面镜，有的则是防雾镜等。然后，经过推拉门便进入便溺和淋浴间。推拉门由铝镁等铝合金材料做框架配装不透明的花玻璃或磨砂玻璃，底部装有滑道滚轮，推拉起来是很灵活与轻便的，门要能反扣上的。

由于次卫生间大多比主卫生间小，沐浴就不再划分出专门淋浴间，只是将淋浴装置直接装配在适当的墙面上，其沐浴的水经过蹲便器直接入下水道，而不是流入地漏的。为方便使用，一般在淋浴装置的对面墙面上，或相邻的墙面上配装浴巾架，或是在相对面墙角上配装一个衣架，在淋浴装置旁配装肥皂盒架等，比主卫生间的淋浴间的辅助装置多了不少。如图 1-43 所示。

图 1-43 次卫生间洗浴装置及附件设计

值得重视的是，设计安装淋浴装置的墙面上，一定要先做防水处理，高度不得低于1.8m；整个次卫生间地面和墙面都要做防水处理，做墙面高度离地面不得低于300mm。其目的是防止水气影响到隔壁居室墙面和装饰物品，防止其发生霉变，影响到使用寿命。次卫生间与厨房相隔的墙面上，更要做好防水处理，以防止影响厨房电器和智能厨具的使用安全，以及隐蔽在墙体内的电线使用安全和使用寿命。如图1-44所示。

图1-44   卫生间地面和墙面做防水处理

三、通风顺畅法设计

对于卫生间的通风，无论是主卫生间，还是次卫生间，设计时都要考虑到通风的顺畅性，以确保使用的安全、卫生和舒适。如果卫生间的通风不好或不顺畅，则说明卫生间的装饰设计是不成功的。

卫生间的通风设计有两种做法，一种做法是尽量地借助内外部条件做好自然通风的装饰设计；另一种做法则是尽可能地利用人工排风装置，做好人工通风装饰设计。对于这两种通风的装饰设计，应重点放在充分利用好人工通风的设施配装上，使得通风的顺畅和成效好上加好，给使用者以舒适感。这是体现卫生间实用的重要方式之一。

由于城市住宅建筑条件的限制，大多数家庭的卫生间自然通风条件都不尽如人意，即使有好一点的房型座向，其卫生间的门与窗是对开的，却因为住宅建筑密度过大，而不能达到最佳的通风状况，只能通过打开门与窗页，让空气对流，却并不能保持卫生间内的空气清新。

作为装饰设计师，不能随意放弃自然通风条件，要千方百计地加以利用。如果卫生间的座向比较好，有门窗对流的，室外又空旷，就要做出有效的装饰设计，让这种对流保持正常使用，这样有利于卫生间里的异味尽快去除和水汽得到蒸发，能有效地保持卫生间地面、墙面和顶面的干燥，夏天可降低室内温度，春冬可保持室内空气清新。

即使是卫生间的自然通风条件不是那么好，也要从充分利用好自然通风的角度，做出好的装饰设计。设计的时候，首先考虑如何尽量地利用好自然通风条件。当做好了自然通风条件的设计后，就要进行人工通风设施配装的设计，并将其与自然通风条件巧妙地结合起来，尽可能地发挥出人工通风设施的优势，使通风效果更好一些。现在的人工通风装饰设计，大多是采用排风装置和抽风设施。例如，为冬天沐浴保暖就配装了"浴霸"——一种以灯泡的热度来提高沐浴间内温度的设施，打开"浴霸"灯泡开关，灯泡亮起来后产生热量，其配装的抽风设施便同时被打开进行抽风，使卫生间里的空气得到流动。然而，由于"浴霸"抽风距离窗口较远，排风效果不是太好，因而在做卫生间装饰设计时，就应当配装能通往窗户外或墙体外的排风扇，才能够达到其正意义上的人工通风目的，如图 1-45 所示。

图 1-45　人工排气通风装置的设计

1.8　多项特色设计窍门

一个家庭装饰工程的设计，不管其户型的大小，都有着点多、面广和项目多的特点，涉及造型、配色、选材和装配的许多个方面。在介绍了客厅、餐厅、主卧室、次卧室、活动室、厨房和卫生间的装饰设计窍门后，现就玄关、走廊和阳台及其他方面的装饰设计窍门进行一一介绍。

一、玄关"点睛"法设计

玄关虽然面积空间很小，却是家庭装饰的"第一脸面"，起着"第一印象"的作用。装饰设计好与不好，美与不美，玄关起的作用非常重要。

进入家庭的第一感觉，对客厅及其整个家庭装饰设计的评价，都是从玄关开始的。玄关的使用率很高，是进出家庭的必经之处，它应有视觉上的屏障作用，即不能让人在外对室内状况一览无余。因而，对玄关的要求，不仅要美观，而且要实用，还能给客厅的装饰设计起着引导效果，但应保证两者的设计风格一致，给人一个鲜明的印象。

玄关的装饰设计不可随意进行，必须依据实际状况，既要依据家庭的外部环境卫生和住宅的坐向，又要依据家庭内客厅的结构和面积空间及业主的意愿，综合起来进行设计。

实际之中，大多数的业主对玄关的装饰设计比较倾向于实用和观赏性强。如果对两者能巧妙兼顾，则更受人青睐。

实用型的玄关装饰设计，其关键在于实用，这与房型结构状况密切相关。如有的家庭进门时，要经过一个长度为1.5m左右走廊式的玄关，才能够进入客厅。于是，就把这个过道靠内墙做成柜式和造型相结合的装饰设计，柜内既可以挂衣物，又可以放鞋靴。柜子的造型搁板可摆放装饰品，人进门就能观赏到饰物，给人一个欢心愉悦的感觉。这样的玄关装饰设计就显得既实用又美观。如图1-46所示。

图1-46　实用美观的玄关装饰设计

对于那种进入大门就可看到客厅一切的玄关，应当按照其不同的状况和装饰设计风格，做出或实用性为主，或观赏性为主，或两者兼而有之的设计方案。玄关的装饰设计，除了给进门的人以屏障式的效果外，重要的是还给人整体装饰风格印象，同时又为客厅装饰设计埋下了伏笔。如格栅屏障式的玄关装饰设计，是按照客厅古典式装饰风格进行设计的。这个映入眼帘的玄关屏障造型，向进门者传达了这个家庭的装饰风格是古典式、或现代式，或中式的相关信息。如图1-47所示。

二、走廊亮丽法设计

走廊看似不很起眼，却是家庭居室间相连的通道，是动与静和虚与实的功能转换空间，其作用显而易见。在家庭装饰设计中，走廊的设计必须与整体装饰风格相一致，要充

　a) 古典式玄关装饰设计　　　b) 现代式玄关装饰设计　　　c) 中式玄关装饰设计

图 1-47　屏障式玄关装饰设计

分体现其使用功能的不同，同时也要亮丽美观。

　　走廊贯穿于整个家庭的过渡空间，就装饰设计的风格而言，其地面与墙面的用材及色泽同客厅与餐厅相一致的多。然而，其顶面和端头墙面却是完全可以用亮丽法做出特色来的，也完全有必要这样做的。为了亮丽的走廊，有的装饰设计给走廊的墙面涂饰是与客厅或餐厅墙面不一样的色彩，或是深一点的类似色彩，或是对比色彩的。对于进入家门一眼就看见的走廊端头，在其墙面上大多都做造型装饰，至少也要做亮丽色彩的涂饰。如果走廊两端是直接对着的，就会在一端做造型，而在另一端墙面上配装大镜面，以进一步突出走廊装饰特色，增强整个家庭装饰成效。如图 1-48 所示。

　　走廊的顶面，则要依据实际状况，可做吊顶，也可不做吊顶。一般空间高度在 2.8m 以上的，可以做不超过 200mm 高度的吊顶造型装饰设计，但应不同于客厅或餐厅顶面吊顶

图 1-48　走廊端头墙面造型装饰设计

造型，以显示出自身的特色。这种设计使客厅与餐厅通连面积空间具备了分界作用，使客厅与餐厅空间一目了然。走廊顶面吊顶用材要求，一般设计用 30mm×30mm，或 30mm×25mm 尺寸的小木枋材做龙骨架，采用膨胀螺钉固定于顶面水泥板上。其吊顶饰面板大多使用专用纸面石膏板材，用螺钉紧固在龙骨架上。然后，再做仿瓷底面和表面涂饰。这种饰面质量做得好不好，重要在于底面做得好不好。首先必须给紧固的螺钉帽刷上防锈漆，将钉眼刮上腻子盖上，再在整个饰面刮上仿瓷，打磨得光滑平整细致，滚涂或喷涂乳胶漆才好看。为区别于其他顶面吊顶，显示出走廊吊顶的特色，大多会做出不同图案的造型，而不会像客厅作局部吊顶只做一个长方形状。即使是在走廊做长方形的吊顶造型，也要在中间部位做着各式各样的图案，或是在其顶面两边配装晶亮的灯带，以显现亮丽。有的业主为展现走廊顶面吊顶的亮丽效果，在长方形的空间上做出灵活的造型图案，给人一种轻松而不压抑的感觉。

这些走廊顶面吊顶造型，是以图案的变化为特点，比客厅或餐厅局部吊顶装饰设计要灵活许多，具有观赏价值，使得家庭装饰亮点更多，提高了家庭装饰的品位。如图 1-49 所示。

a) 顶面和端头做造型装饰设计　　　　　　　　　b) 顶面做造型装饰设计

图 1-49　走廊顶面装饰设计

三、阳台巧做法设计

阳台是室内空间与外部空间相联系的区域，装饰设计师应根据实际状况做出巧妙的设计，既要满足业主的期盼，又要确保装饰安全，更要达到功能实用的目的。

现有住宅一般都有 2 个或 2 个以上的阳台，因此，阳台也有主次之分。与客厅或主卧室相邻的是主阳台，其功能主要是以休闲或健身为主，可以将其装饰设计成茶室或健身室等，其墙面和地面的装饰风格应当同客厅或主卧室相一致。如果设计为茶室品茗区域，应注意使用的家具及用具要相适合。如图1-50所示。

图1-50 将阳台做品茗区域的装饰设计

如果是作为健身室来装饰设计，那么，其装饰风格就要有利于健康器材的摆放和使用，不然，就达不到使用的目的了。如图1-51所示。

图1-51 将阳台做健身室的装饰设计

将阳台设计为品茗区域或健身区域使用，最重要的是注意符合安全使用要求。因为阳台一般不是承重建筑的要害区域，通常情况下每平方米的承重不得超过400kg，所以在做装饰设计时，应注意不能超过其荷载。

有的阳台和居室间有一道墙，墙上有的有门和窗户。这样的墙上窗户和门是可以拆除的，但是，窗户下的墙体是不能拆除的，它在建筑结构上叫做"配重墙"，起着镇住阳台下塌的作用，一旦强行拆除，就有可能造成阳台坍塌，千万注意避免。

如果主阳台做了其他功能设计，次阳台就没有必要再改作它用了。次阳台主要在厨房，或与客厅、主卧室之外的居室相邻，主要是做储物、晾衣等使用。假若将次阳台作为洗晒功能使用，要在设计中做好防水和排水处理，重点要为地面配装地漏，整个地面和地脚墙周围做好 300mm 高度的防水处理，以免在突然发生积水后出现渗漏。如图 1-52 所示。

图 1-52　次阳台做洗晒使用的装饰设计

阳台的装饰设计，选材上要尽量选择轻质型和隔音降噪功能比较好的。如塑钢型材，其保温隔热功效和隔音降噪的效果比其他型材要高出 30% 以上。若是再配装上双层玻璃，效果会更好一些。铝合金型材强度大，密封效果好，耐腐蚀和不怕水，使用寿命长又美观大方，同样是阳台装饰设计首选型材之一。

四、大框架空间巧分法设计

所谓大框架空间是一个"空壳"式的空间，是完全由装饰设计师给予各居室面积做重新划分和限定后，再做装饰设计的。这样的状况，一方面给装饰设计带来了难度，另一方面又给业主带来了灵活性和方便性。于是，作为装饰设计师就一定得应用空间巧分法窍门，把握好以厅为主的组合方式、以廊为主的组合方式和嵌套式组合方式等，做出有特色而又巧妙的装饰设计来。

例如以客厅为主划分组合成的家庭装饰设计风格，就在于凸现客厅的公共活动功能，然后再依据这个中心，把各空间按照业主的需求做出有效的划分。这样的划分有按"需"所"分"的自主权，其装饰设计更富有个性特色，对使用者更为方便。

以客厅为主的划分，可按照业主使用的具体情况，划分出可大可小的客厅面积，形状可长可方亦可圆。如果面积够大的，甚至可以多做一个客厅。在此基础上，再将装饰设计做得更有特色。如图 1-53 所示。

图 1-53 以客厅为主划分面积空间的装饰设计

大框架空间还可以进行以廊为主的划分，即以走廊为主划分空间，然后按其组合方式给予装饰设计。以走廊方式划分居室区域的，在进入家庭门后，按照房型框架，或纵向、或横向地标定出走廊线路。于是，便可以按照走廊方向，或在一边，或在两边，有秩序地把各居室面积空间划分出来。各间居室的使用功能、面积大小和形状，都能清晰标明，装饰设计方案一目了然。

以走廊为主划分的住宅，其面积一般是比较大的。对于这种划分法，可对走廊的走向做灵活处理，再将各居室面积按照使用功能进行明确划分。当空间划分完成后，就能做装饰设计了。如图 1-54 所示。

以嵌套式为主的组合空间做装饰设计，则是把各使用空间以嵌套衔接的做法，很清晰地划分出来，其特征是用于活动和过道的面积空间，也可进入到各居室的范围内，使得各个居室相互间更紧凑了。如有的家庭需要把会客、办公和休息划分到一体，此时那种以客厅为主或走廊为主的划分方式就很不适宜，而以嵌套组合式划分面积空间，就很适合这种装饰设计情况了。

以嵌套组合式划分各居室面积空间，是以使用功能为主的装饰设计风格，它使得居室组合更紧凑也更具个性特色，以实用为主，把学习、会客、办公和休息融为一体，装饰设计别具一格，新颖而富有特色，适合于特殊家庭的实际需求。如图 1-55 所示。

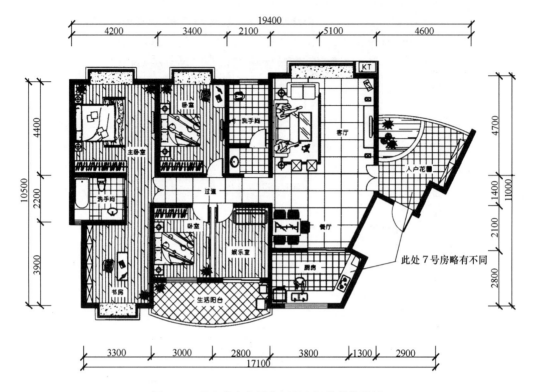

图 1-54　以走廊为主划分面积空间的装饰设计

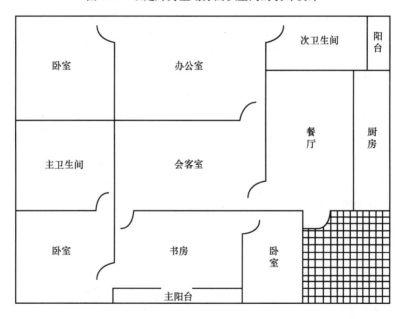

图 1-55　以嵌套组合式划分面积空间的装饰设计

2 把握家庭装饰特色装饰窍门

有了好的设计后，装饰效果能否出色，操作实施水平怎样就十分关键了。装饰实施操作内容相当丰富，项目相当多，范围涵盖着木装饰、石装饰、涂饰、水电、玻璃和硬、软性等诸多方面。特别是现时代既讲究装饰的时尚美观，又注重健康环保，无形中给装饰实施操作提出了更高的质量要求：无瑕疵，有特色，显个性，出亮点，体现新颖和创新。这些都已成为检验的标准，因此，有必要把握特色装饰窍门，才能达到目的。

2.1 特色木装饰窍门

家庭装饰中，木装饰的历史是最悠久的，为家庭装饰的创立和发展立下了汗马功劳。随着科学技术的发展和装饰材料的丰富，木装饰在家庭装饰中虽不能一统"天下"，但仍有着举足轻重的作用。尤其是有特色的木装饰，地位依然很高。从家庭装饰的地面到顶面、墙面及空间，无处不有木装饰，木装饰常给整个装饰工程锦上添花，画龙点睛。因此，对于木装饰的质量要求是很高的，切不可以有半点儿马虎。

一、木质顶棚装饰

木质顶棚在家庭装饰中占有重要地位。它具有整洁美观，丰富顶部视觉，显现特色装饰，保温隔热，吸音散湿、调节光线以及反映业主情趣等作用。根据不同的居室状况与使用要求，可做出花样各式，形状各异，突出个性特色，吸引人的眼球的木质顶棚。选用的材质不同，体现出来的效果会千差万别。目前常用于顶棚装饰的材料有实木材、人造板材、石膏板、石膏装饰板、钙塑凹凸板和矿棉吸音板，以及铝合金、镀锌板、微孔铝板、铝镁板、彩色不锈钢与塑料（PVC）扣板等。用作龙骨材料的则有木枋条、轻钢条和铝合金条等。对于用做木质顶棚的装饰材料，一般需要做防火、防锈和防潮处理。为防止火灾的意外发生，有的还在木质顶棚上装配有烟感报警器、温感器、自动喷淋系统，穿线管则为阻燃管。见图 2-1 所示。

木质顶棚一般从做木龙骨架开始。过去曾经是整个顶面全面吊顶的做法，还分出层次来。如今，因大多数楼层空间局限于 2.6～2.8m 高度，再做全面吊顶显然不合适，会有压抑感。于是，多采用吊周边顶、顶面中心造型或半边花样顶等做法，其式样比吊全面顶更多样生动。由于受空间的限制，木质顶棚的吊顶尺寸一般控制在 120～200mm 高度，或是在客厅与餐厅顶部四周走阴角线，更能显示出简洁明快的装饰风格。

木质顶棚的木龙骨架安装并不复杂。以往多采用原实木材，将两端头穿插进墙体，形成一个整体的棚顶架，再在木龙骨架下面按照结构要求钉固上木板条，再钉固饰面做顶棚，也有是在木龙骨上直接钉固矿棉吸音板做顶棚。随着家庭装饰的进步和发展，现如今一般采用枋木条做主龙骨，其截面尺寸为 50mm×70mm 或 40mm×60mm 等。通过吊杆或直接用膨胀螺栓及长木螺丝，把主龙骨与小龙骨材连接起来，成为一个木质顶棚的整体，固定在顶面和墙顶角上。吊杆用 ϕ8mm 或 ϕ6mm 钢筋加工成螺栓杆或吊钩，或是用 12 号

a) 各种规格人造木质板材

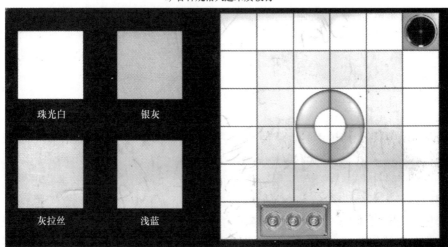

b) 各种金属吊顶板材

c) 各色铝合金吊顶板材

图 2-1　顶棚装饰材料

镀锌钢丝捆绑。每根吊杆的间距在 900～1200mm 之间。小木龙骨多用 40mm×40mm 或 30mm×30mm 的小木枋做成木合方网架，木方格网架间距为 300mm×300mm，或是 250mm×250mm 等尺寸。在实际中，多采用小木枋条做吊杆，从而容易产生接缝开裂现象。究其原因在于，小木枋条受气候变化影响，热胀冷缩或湿胀干缩后造成不定向的拉动，致使大多数吊顶接缝发生变动。这是值得普遍注意的。

如今，不少的吊顶多采用铝合金与轻钢型材料做龙骨架，表现出木质顶棚的龙骨构造在向着简单轻便方向发展。特别是现实中兴起的吊周边顶或走阴角线等做法，更是显得简便多了。如图 2-2 所示。

从表面上看，木质顶棚的木龙骨架安装并不复杂，但要真正做出特色和显出平稳成效却不容易。安装好了木龙骨架，则等于木质顶棚成功了一半。那么，怎样才能够安装好木质顶棚的木龙骨架呢？

图 2-2　各种尺寸的木枋条

首先，要找好基准水平面，确定顶棚的高度线。安装木质顶棚的木龙骨架，应当从找准高度水平面入手。依照装饰设计图纸的技术与工艺要求，先要定出地平基准线，再从地平面基准线的一个墙面点上，量出顶棚要吊的高度点，画出一条高度线，才算确定了木质顶棚要吊的高度。然后，再通过这个高度线的水平位置，去找其他三个面的高度线。找到四周墙面上的高度水平线，整个木龙骨架的基准线就确定好了。

要想木龙骨架成为一个水平面，又不受不规范的顶楼板的影响，其窍门是用一根透明的塑料细管，在里面注满水，堵住两头后，将细管的一端水平面对准一个墙面上的高度点，再将另一端以水平面的方法，找出同一个墙面上的另外一个点。当细管水平面的水处于静止时，做上记号，把两个点连成一条线。如此这般，去找准其他墙面上的水平线。这样，一间房的四个墙面上的水平线，就既不受地面不平的影响，也不受楼顶面高低不规范的影响。如此做出来的木龙骨架是能够保证水平面装饰质量的。如图 2-3 所示。

找准木龙骨架的水平面的点与线，也可用水平尺靠着一根直木枋条上，从一个确定点去找另一个水平点的方法进行。只要这根木枋条的两个边面是平直的，把水平尺紧靠在一个边面上，把木枋条的一端固定在一个墙面上的点上，然后，用另一端去找墙面上的另一个点，观察到水平尺中的水银珠静止在水平尺中心时，另一个点就找出来了。同样原理，从房间地面上的水平点也能找木质顶棚木龙骨架高度的基准线。这也是采用水平尺靠平直的枋木条上的做法，从一个地面上测量出水平面的基准点，再以这个点找到墙地面上另一端的一个基准点，这样，以点连线定出基准线，又以基准线去找另一个墙面上的基准点，找点连线均采

图 2-3　用于找平的透明塑料管

用水平尺测量，如果是水平的，则可定为水平基准线。找好基准线，就用这个水平基准线向上标高所需的尺寸线，即可确定为标高线，这个标高线连成线，也就是吊顶木龙骨架基准面的标准线了。

有了标高基准线，就可依据装饰设计图纸的工艺与技术要求安装木龙骨架吊木质顶棚了。如果木质顶棚有造型，则要按照造型尺寸要求用墨线弹出相应尺寸距离的直线或画出造型线来。有的则在造型框内定好十字中心线，以便再按照设计图纸的标记，逐步画出各局部造型的定位线。如果遇到不规则的室内，即墙面不垂直相交，或是有的墙面不垂直相交，那么，弹吊顶造型线时，就应从与造型顶面平行的那个墙面定出距离之后，一步一步地测量出各个造型线，再由这些个造型线画出整个造型线的位置，为安装造型打好基础。若是各墙面均不垂直相交，就采用找点法。找点法就是先在安装图纸上的尺寸来测量出造型边框线与各墙面的距离，再测量出各墙面距造型线上各点的距离，然后，将各点连线组成吊顶棚的整个造型线。

现在家庭的顶面，大多是采用局部吊顶或走阴角线，故不显得那么复杂，不用做太多的造型。即使做造型，也具有相对独立性。有多个造型的，也大多互不连接。这样的做法，既活跃了空间，打破了呆板，又不显得复杂，非常简单好做。

不过，木质顶棚有造型的，在确定了造型线后，做法是大致相近的，其定位吊点位置大多是以造型为重点的。在一般情况下，则是每平方米定一个吊点位置，要求定点均匀，不可以随意。用于吊挂的铁线钩与固定的各个膨胀螺栓，一定要做到安全稳固。至于有迭级造型的木质顶棚的木龙骨架的安装要求，则是在迭级交界处增设吊点，不能按照一般情况来布局吊点。吊点以迭级交界处为重点，加大其安全系数，要多定出吊点。如果是有大型灯具的，或是有稍重装饰物的，不能直接吊在木龙骨架上，必须要做专用吊点安装膨胀螺栓来吊挂。

安装木龙骨架的具体操作也有所讲究。现在安装木质顶棚的木龙骨架，大多是在画出基准线后，就在空间安装紧固件，将木龙骨架在地面做好后，直接地将整体架吊挂。简单的木龙骨架，则是先把枋木条加工好，就直接在空间做架框。这些方法，都是围绕着安装方便又能确保安全和质量，还能好又快地做出装饰木顶棚为原则的。

安装吊挂用的紧固件有着三种窍门可加以把握。

首先是要钻好膨胀螺栓孔，依照实际需求定出数量，不可以随心所欲，以确保安装质量为前提。

其次是采用射钉枪将安装的角钢固定在顶楼面和四周的墙面上。其射钉数量是以保证安装的牢靠和不发生问题为要求的。

再次是以预埋钢板、钢条等起吊挂固定作用的钢件。再按照吊挂的需求配备 $\phi8mm$ 或 $\phi6mm$ 钢筋作吊挂螺杆与吊钩，或是使用 12 号或 18 号镀锌钢丝做捆绑用。

这三种窍门，可任选其中一种，就做好固定和吊挂件的准备工作了。

要铺钉好木龙骨架，有两种方法可以选择的。一种是在地面先拼装好，再吊上楼顶面进行安装；二种是将加工好的木枋条在顶面空间直接进行拼装。这两种方法各有所长，应根据实际情况确定。

在安装中关键是要使吊装稳妥和牢靠；吊杆和吊钩的质量必须靠得住，连接的方式不能出差错，无论是用吊钩或扁钢固定，或是用枋木条与角钢固定的木龙骨架，一定要确保牢固安全，做到水平面上把木龙骨架安装好。木质顶棚木龙骨架如图2-4所示。

安装好木龙骨架，便可以铺钉表面装饰板了。表面装饰板根据各种不同情况和业主的要求，可选择纸面石清板、大芯板、胶合板和奥松板等板材，必须确保板材质量的可靠性，最好要经过防火处理。采用木螺钉固定最稳固。若采用气钉枪直钉固定，也一定在

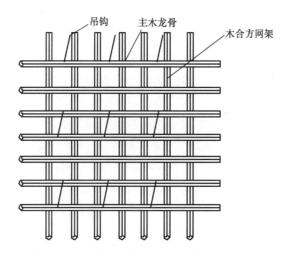

图 2-4 木质顶棚木龙骨架

板材的四周与中心部位用木螺钉加固，以防止板材长期受外界的影响而出现松动和变形。同时，在板材的铺钉上，要把整板材放中央，分割板放两侧；整板材占据大面上，分割板铺两边或边沿的原则。另外，要做到铺钉节材，减少接缝，避免差错，使吊顶棚表面平整。如图 2-5 所示。

a) 用石膏板作吊顶饰面板

b) 用金属板作饰面板吊顶

图 2-5 饰面板吊顶

二、单体与多体顶棚装饰

单体与多体吊顶棚同样是家庭装饰的一个主要组成部分，它与一般木质顶棚的不同之处，在于不需要用木龙骨架。单体顶棚是以一种形体构件组成的形式顶棚体。多体顶棚则是以两种以上形体构成的形式顶棚体。无论是单体顶棚还是多体顶棚，其构件本身即是装饰构件，能承受本身自重。直接将各单体构件同建筑楼顶板面连接安装，就可大功告成。这种构成体的顶棚在现时家庭装饰得到广泛的应用，只是其形体不再是整个空间布满式，而是局部的，小巧玲珑式的，形式多样化的。这种单形体与多形体顶棚很适合现有低空间居室的装饰，给家庭装饰顶棚带来了更多的便利。

单体和多体顶棚，分有敞透式和封闭式两种。所谓敞透式即指顶面不封闭，通过顶棚可看到上部的建筑结构与设置等。当然，建筑结构顶面是会做装饰的。封闭式则是看不到顶棚上部状况的。

安装单体与多体构成的顶棚，大致与安装木质顶棚的木龙骨架相类似，需要先标出基准线，画出标高线，确定吊挂布局线和分片布置线等。对多体的顶棚需要分别吊装的，那么，每个分片都应在地面先做组装和饰面处理。而对于敞透式的顶棚，则是事先按照设计图纸规定的工艺和技术要求，对建筑楼顶面做相应的色泽处理，使其与敞透式顶棚色彩相协调，或是类比色，或是对比色，或是同一色，这要视整个装饰风格和设计图纸要求而定。

单体与多体顶棚式样，单体有板方格式，骨架单板方格式与单条板式等多种式样，其特点主要是一种样式任由家庭装饰专业人员去设计，去装饰，去创新。在现有的家庭装饰中，以单体方式创新出的局部吊顶棚，其形状真是多极了。仅圆体形状的就有大圆形、小圆形、椭圆形的等，其圆形中又有各种形状相配合的顶棚，致使这种单体顶棚造型各异。多体顶棚在原有的单板条与方板组合式、六角棱框与方框组合式、方圆组合式等式样的基础上，更是发展到各种几何造型相组合的顶棚了。随着多种装饰材料的适用，家庭装饰安装这类单体与多体顶棚时，还可采用木质结构的单体与铝合金材单体、铝塑材单体、铝镁材单体和轻质钢板材单体等，有针对性地组合成造型美妙的吊顶棚式样。

在做成的单体构件与楼面组装时，大多是采用先在楼顶面和墙体面上做吊点紧固件，用钻孔打入膨胀螺栓或射钉枪射钉在楼顶面上，固定扁钢与角钢等一类吊固件。在墙体面沿墙体面标高线部位固定与之相适应的板材料。做好这些单体构件组装，关键是各吊挂件与固定板件的质量要有保障，做到牢固可靠，不出差错。同时，吊挂件的制作应根据吊体的实际重量进行加工，确保吊挂件的安全性，做到万无一失。对顶棚的组装，有采用间接固定的，也有采用直接固定的，要根据实际情况来实施。如采用直接固定方法，就把吊顶架与吊挂件直接连接起来，固定在吊点处就行了，但做这种吊顶的面积不能超过 $50m^2$。如果吊顶棚的面积超过 $50m^2$，则只能采用间接固定方法，将过大的单体顶棚构件固定在承重杆架上，承重杆架与吊点连接固定。

对于较大单体顶棚吊起安装，是从一个墙角开始的，即把拼接好的分片吊顶件托起到略高于标高线，并用临时方法固定住各分片的吊顶件。接着采用绳线沿标高线交叉拉至吊顶面的基准线。依据这个基准线，调平各吊顶分片，就可用间接固定或直接固定的方法固定牢靠。片与片之间连接好，并调整成一个视觉平面后，立即用连接件固定稳妥。连接件有直角连接与顶边连接两种。如果连接的顶棚面积超过 $100m^2$，还要采用把吊顶棚做成有一定拱形状态的方法，才能确保吊顶棚的质量。其起拱度为 1.5：2000 左右，致使吊顶棚面上各单体吊顶件的抗力得到减负，同时，也能产生平衡稳定的感觉。如图 2-6 所示。

三、木地板铺设

木地板的铺设在家庭装饰中不仅具有特色，而且越来越成为专业性的项目了。这主要因为铺设木地板能给人一种亲切舒适、美观大方、自然质朴和整洁卫生的感觉，易与家庭装饰风格和色彩相协调，其触感温暖，富有弹性，防潮隔湿，也便于清洁；同时，木地板

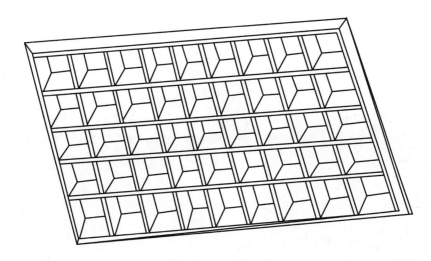

图 2-6 单体顶棚

又是业主及其家人感受自然，追求安静，欣赏装饰美的直接媒介，特别是铺设的实木地板，原色原味的式样，更是为家庭装饰增色不少。不过，木地板也存在着易燃烧、水泡、虫蛀和变形的不足。

现在的家庭装饰中，可供铺设的木地板种类繁多，其中品牌木地板安信、世友、森佳、誉丰和九棵树等享誉全国。有的还闻名亚洲。从材质上可分为实木地板、竹质地板、强化复合地板和高强木纤维地板等；从式样上可分为实木长地板、长条形木地板、短条形木地板、竹地板、软木形地板和薄形木地板、浮雕形地板和数码地板等；从铺设方法上可分为企口式木（竹）地板、错口式木（竹）地板、平口式木（竹）地板和拼花式木（竹）等。

铺设木地板，尤其是铺设强化复合木地板的工艺和技术已有了很大的进步，不需要做木制格栅，可直接在找平的地面上铺设。从防潮、防虫蛀等方面，也取得实际效果：采用防潮和防虫蛀材料，预先铺设在水泥地面上，然后再铺设木地板。铺设木地板应用环保型的 EPR/PP 共聚复合材通过精密设计以压缩式弹簧及卡夹的接合来固定地板，以塑脂防潮层和具有静音防潮效果的弹性泡棉为底材，使地板能自由伸展，全面解决因膨胀而造成地板相互挤压、变形和起拱问题，防潮和防蛀效果显著。在安装方面，由于应用新技术，只通过卡扣连接，把有企口或错口的地板与地面很好地结合起来，使地板不容易变形。这种卡扣结合的铺设方法，操作起来十分简单，能缩短一半工期，一般在一、两天之内就可以铺设完整个家庭装饰中的木地板。如图 2-7 所示。

铺钉实木地板，一般都要做木制格栅，使用新的方法，完全可以避免冲击钻冲孔，打木楔，钉钉子的做法，既能减少施工时的噪声，又不会伤害楼房建筑预制件，还能提高装饰安全系数。铺设木制格栅的窍门是，改变传统的固定做法，不再用冲击钻对地面作伤"筋"又动"骨"的破坏，而是采用胶粘剂直接固定木制格栅。这种胶粘剂是适应胶粘的部位受力类型的环氧结构胶，酚醛结构胶等，以及适合温度和耐介质及老化的有机硅树脂胶、无机胶粘剂及 933 型多功能强力胶粘剂等。

用胶粘剂固定木制格栅的窍门有两种：一种是将清理干净的地面都上一层胶粘剂，然后将用于木制格栅的小枋木一根一根地平压在胶粘剂上，用力压紧贴牢固。这种方法适应于用短木枋铺贴做格栅，有利于节约用材，可使短材长用，还可保证胶粘的质量。不过，在用短木铺贴地面时，先应当把短木枋相连接点中间用铁钉绞紧，形成长条形状，还应注

a) 强化木地板安装   b) 实木地板安装

图 2-7   木地板安装

意铺贴的间隔，不能间距太大，应使得每一块木板在铺设时都能够搁放在木枋上。当然是木枋铺贴得多一些，则更利于木地板的铺设。如图 2-8 所示。

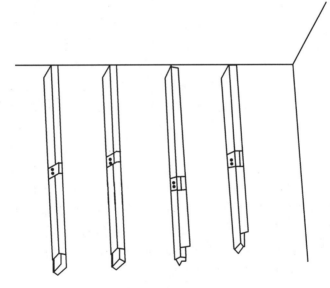

图 2-8   胶粘短木枋格栅

另一种是把整个水泥地面找平，清洗干净，晾干后再铺设。铺设木制格栅的时候，将胶粘剂只涂抹在做木制格栅的木枋下面。这种胶粘剂涂抹应当厚一点。铺设木制格栅选用的木枋也要大于 60mm×40mm 的规格，长度应与铺设的居室空间相一致为好。如果担心木枋移动，可在各横向木枋纵向间用小短木枋连接起来，使之无移动的可能。但短木枋连接的密度不要过大，能防止长木枋移动就行了。若是纵向铺设长木枋，则在横方向间用短木枋给予连接，使整个居室里的木制格栅形成一个连接体。如图 2-9 所示。

此外还可使用框架式木制格栅方法来做固定。框架式木制格栅是先用木枋把整个地面上做木制格栅的枋木连接成一个整体，装配成一个框架式模样，使以往那种仅靠各自固定于地面的木枋与木地板相连的形式，又多了个连接体的结构，完全可确保木制格栅铺设的

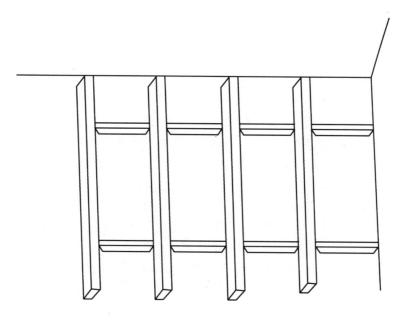

图 2-9　胶固长木枋格栅

质量。这种框架顶格式固定木制格栅的做法，可减少对建筑地面的破坏，还可牢固木地板的整体结构，其优势显而易见。

框架式木制格栅的固定方法也有两种：一是以四周固定为主，空间以间点的方式用钢钉固定为辅。固定的做法：对木制格栅四周框架用钉胶固定，在墙面与地面同时进行。在其空间有间距地进行胶钉。这样就可以把木框架牢牢地固定在平整的水泥地面上。二是单用胶粘剂固定。在铺设木制格栅时，先将整个框架与格栅木枋下面及居室墙角地面，都涂抹上厚厚的一层胶粘剂。然后，将木制格栅框架粘贴在平整的水泥地面上，并用适当的压力固定 24h 或更长的一段时间，使整个木制格栅框架粘贴牢固增加木地板铺设的牢固性、可靠性。如图 2-10 所示。

做好木制格栅，便可以铺钉木地板了。木地板铺贴的方式有企口式、错口式和平口式等，应用圆纹钉、竹木钉和胶粘剂将木地板铺钉好。由于各地理环境、气候状况、民族习俗和生活习惯的不一样，因此铺钉木地板的做法会有差异，式

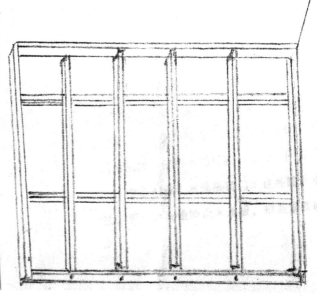

图 2-10　胶钉固框架式木格栅

样也会变化多端，所用材料也不尽相同。家庭装饰专业人员要善于针对不同情况，采用不同的做法，使用不同材料，应用不同方式，铺设出美观、牢固的木地板。

中心铺设实木地板法，这种铺设木地板的技巧完全区别于通常顶一边铺设木地板的做

法。顶一边开始铺设木地板，都是紧靠墙面，四周无缝无孔的，虽然铺设的地板紧凑，当初十分好看，但久而久之，有可能发生空鼓、裂缝或松动现象。这种情况的出现，是因为违背了物体热胀冷缩的规律，好操作却不好控制。而从中心十字线向两侧铺设木地板，操作并不难，行铺规范，铺钉方便。铺设前，先在整个空间按照木地板的宽度尺寸大致测量一下，做个估算，或者用木地板摆放着试一试，做到心中有数，然后便开始从居室中央向两侧按序铺钉，一块一块地逐步地铺钉到墙角边。每铺钉一块木地板，要用带企口的小木枋垫着敲打几个，用铁纹钉固定牢靠。钉钉时，铁纹钉要成45°倾斜角度。铁纹钉的长度为木地板厚度的2～2.5倍。铁纹钉要钉在企口凸榫上，用暗钉法钉入。木地板条铺的位置和木枋成垂直度，并顺着进门方向进行的。木地板条两块接头也要在木制格栅木枋的中心部位，每块木地板的位置隔行应错开，错开部位最好在每块木地板的中心段。铺钉几块后，一边用带企口的小木枋垫着再敲打几下，一边用长木枋靠着墙面对铺钉的木地板撑一撑，挤一挤，使木地板铺钉得更紧，拼接边缝更小。有的为防止潮湿木地板的膨胀，并达到接缝均匀的要求，在每块木地板之间夹上0.5～1mm厚的纸页，使木地板的铺设更规整。当铺钉到墙角边时，要留出5～10mm的空隙，并用木桩间隔起来。在做踢脚板时，要让踢脚板压在木桩上，盖住间隙。如果不使用木桩，木地板容易松弛。这样铺钉的木地板即使因热胀冷缩或空鼓力的原因，也能使木地板表面不产生明显变化。特别是在南方区域，气候潮湿，冷热变化明显，就更要求铺钉的木地板留有空隙，好让地下湿气能"自由出入"，这样，既有利于木地板随墙体、地面有"规律"的运动，又有利于木地板少吸湿气，能经常保持干燥，延长使用寿命。如图2-11所示。

图2-11　中心铺设实木地板法

四、木门窗装饰

家庭的木门窗装饰越来越趋向于简洁化，不少情况下均采用塑钢、铝合金和玻璃材质替代，尤其是窗户的装饰，多用替代品，不再用实木材质和人造板材做装饰了。但是，木门窗的装饰在居室装饰中可以起到"点睛"的效果，因而，掌握木门窗的装饰窍门，仍有重要的意义，不可以轻易放弃。

以往，由于广泛使用木窗，其装饰比较木门来说，式样更丰富木窗装饰，不仅满足了居室通风和采光，而且对家庭装饰的格调、景色、布局和气势的衬托起到了良好的作用。

如今，在窗户的装饰上，不像以往有窗洞、窗框、窗台、窗户及其配套等内容，但在窗台与配套等方面更讲究装饰效果。窗台面较大时，多用人造大理石或花岗石来装饰台面，给视觉上带来舒适、气派和典雅的感觉。窗洞内采用塑钢或铝合金材做窗框，以注意保持装饰风格的协调一致。

在窗户的装饰中，现时期要重视的是现套的窗帘盒的装饰。窗帘盒的装饰是体现木窗与木门风格不同的特征之一。窗帘盒的不同造型，可为家庭居室装饰平添出几分色彩。窗帘盒有明的与暗的两种做法。暗窗帘盒是与吊木质顶棚联成一体的，所以看不到其外形。明窗帘盒要做成美观漂亮的工艺品式样，然后再安装到窗户上沿，使整个窗户与装饰风格相适宜。特别是在安装窗帘杆时更是有着讲究的，即使是安装一般的窗帘圆杆也必须讲究点窍门。窗帘盒安装上去后，其两端已经定位，却要把窗帘圆杆安装成能自由取得下的活动杆，就得先在横向板上打眼，一端只打一个浅眼，与窗帘圆杆直径一样大小，另一端则要打成上下连通的眼，而且是上眼深，下眼浅，下眼与另一段端的眼相对称，使配装上去的窗帘杆能保持水平。如图 2-12 所示。

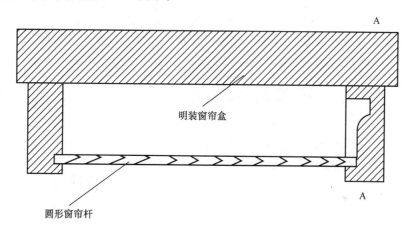

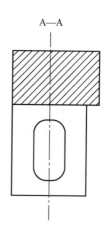

图 2-12 安装圆形窗帘杆

窗帘杆还可以装配成调式的，这主要是为了使用方便，控制光线和装饰美观。这个时候，就要选用一种水平滑杆。这种水平滑杆可以用手控制，或由智能遥控器操纵。这种水平滑杆一般安装在窗框上，先在窗框角上固定滑动吊杆的支座，用螺钉将滑杆安装在支座上，当其长度超过1200mm时，则要在窗帘杆中间部位增加一个支座，以保障窗帘杆的平衡与不被过大的拉力造成弯曲，影响到窗帘滑杆的使用寿命。在安装的时候，一定要遵照水平滑杆的相关安装工艺进行操作。

如今，木门的装饰虽不再像以前那样繁琐，但也不像木门窗有替代装饰，因而就更加讲究装饰效果。拆下原建筑门与门框，现场进行门页与门框的改造和装饰，已不是给予现有木门表面粘贴饰面板的那种概念，而是多以专业的门页和门框来取代木门套、门框和门页的装饰，并在门页和门套上做各种各样的造型，以显示特有的风格。不少的业主为展现家庭装饰品位的豪华气派，不惜花费高出现场加工几倍的价格，去挑选特有造型，或西洋风格，或古典风格，或港澳风格的套装门。现市场上经营的套装门具有质量保证的有艾美佳、宝宏源、盼盼、三晋源和南亚等实木、不锈钢和铝合金系列。如图2-13所示。

图2-13 木门与门套装饰

五、其他木装修装饰

作为家庭特色装饰的其他木装修，牵涉到方方面面，内容十分广泛。除了装饰家具外，还有电脑操作台、酒吧台、挂衣架和神龛等。这里主要介绍木楼梯扶手、挂镜线和搁板架的装饰。

木楼梯扶手以其美观、方便和实用颇得业主的好感。凡家庭装饰中需要安装楼梯的，大多都选择木楼梯扶手。而木楼梯扶手所应用的木材几乎都是硬杂木的，经过干燥处理后，要求含水率低于12%。扶手断面的形状很多，如图2-14所示。图中扶手的高度尺寸有三种：120mm、150mm和200mm。在家庭装饰中，应根据装饰工程质量要求和楼梯装饰工艺及技术需求来选用相应类型和不同断面高度的扶手。

安装楼梯木扶手之前，要懂得木扶手和扶手弯头的制作技巧。一般情况下，木扶手是按照设计图纸要求制作的，扶手的底面都必须开槽，为的是便于和铁栏杆或木栏杆连接，

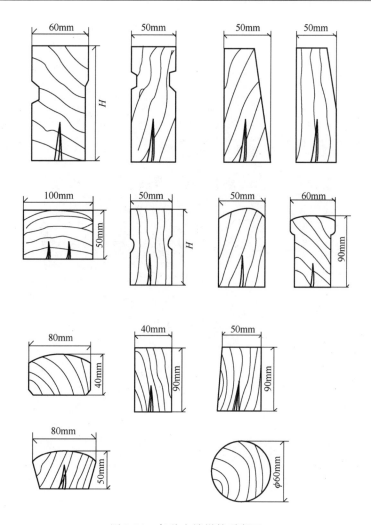

图 2-14　各种木楼梯扶手断面

槽深为 3～4mm，槽宽是依栏杆所用的扁钢板尺寸而定，扁钢板多采用 40mm（宽度）×4mm（厚度）规格，也有采用 30mm（宽度）×4mm（厚度）规格的。扁钢板每隔 150～300mm尺寸钻有孔，是用来与木扶手用螺钉固定的。

　　如果楼梯架是用实木组装成的，则木扶手与楼梯架是用榫眼方式组装，然后再安装到楼梯板上去的。如图 2-15 所示。而木扶手弯头的制作，是根据足尺样板用硬木整料出方制作，根据样板仔细画线，再用窄锯条锯出雏形毛坯（毛坯尺寸一般比实际尺寸大 20mm左右）。当楼梯栏杆与栏杆之间相距不足 200mm 时，扶手弯头可以整只做，而大于200mm 时，就得先断开，再相拼接。一般弯头伸出长度为半个楼梯的踏步。先把弯头的底做出，然后沿扶手坡度找平画线，再用木工刨刨好。为防止和扶手连接时亏料，应注意留有余地，不能刨去过多，长度尺寸也以稍留多一点为好。

　　安装时，木扶手由下向上顺序进行。按栏杆斜度做好起步弯头，再接扶手，它们之间的接口需要在其下面做暗榫，也可用胶粘接。为保证扶手安装的美观，视觉舒适，逐根扶手安装时需要以靠踏步一面栏板或栏杆平面为准。全部扶手、弯头安装完成之后再接头，要求斜度通顺，弯曲自如。

　　木扶手的末端与墙、柱有两种接法：一种是将扶手底部的通长扁钢板与墙或柱内预埋

图 2-15　木楼梯装饰

件焊牢,扁钢板与木扶手用木螺钉固定;另一种是将通长扁钢板做成燕尾形,伸入墙或柱的预留孔内,用水泥砂浆封牢,扁钢板与木扶手齐用螺钉固定。扶手安装完成后,应涂刷一道干性油漆,以防扶手受潮变形。

固定木扶手所用的木螺钉要根据木扶手断面高度,分别选用 30mm、50mm 和 70mm 三种不同的长度。木楼梯扶手安装高度:室内为 1000mm,即从踏步上平台面和休息平台面上至扶手表面上的垂直高度;室外为 1100mm;在幼儿园内为儿童安装的木楼梯扶手,高度大多为 600mm 左右。

按照设计图纸的技术要求,中高级木楼梯扶手上不准有节疤,一般的允许有几个节疤。木楼梯扶手安装要牢固稳健,结合部位应顺直流畅,不得有翘曲变形现象,转角与曲线部位要使人感到视觉舒适,手感顺滑,扶着稳固。如图 2-16 所示。

挂镜线与挂镜点均是在室内墙面上为方便悬挂装饰物、艺术品和其他物品而装置的长条形线和悬挂点,其高度都是按照装饰设计图纸要求,或是按业主的意愿来确定的。挂镜线和挂镜点有木制、金属和塑料多种式样。

木制挂镜线与挂镜点的木材料可选用硬杂木和松木的。大小尺寸没有硬性限定,随业主意愿或按设计图纸要求制作,一般宽度尺寸为 40mm,厚度尺寸为 20mm,沿室内四周

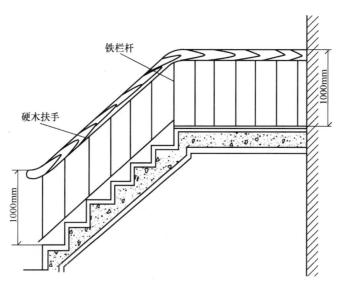

图2-16 木楼梯扶手安装

墙面都可以安装。安装高度大多与窗顶沿、窗帘盒同高，也有安装在2m或2m以下的。木制挂镜线或挂镜点多采用圆纹钉钉入预埋的木砖上（木砖必须做防腐处理）；也有用冲击钻钻眼打入木楔后，用木螺钉紧固在墙面上，每个钉距在500mm左右；还有在墙面上用环氧结构胶粘贴牢固的。无论采用圆纹钉、螺钉和胶粘，还是用预埋件来固定挂镜线与挂镜点，必须要牢靠无误，不可以发生松动，不可随意能拔出来，应紧固在垂直水平面上。挂镜线和挂镜点的水平尺寸差距要求不得超过2mm。表面不能留有钉帽或锤伤痕迹。如有连接件连接，搭缝处不可以留有明显的缝隙。挂镜线与挂镜点在家庭装饰中可起到点缀的效果。如图2-17所示。

搁板架在家庭装饰中日益重要，安装新型酒柜、书架和嵌入式台面都需要搁板。同时，对搁板空架的安装也逐渐增多，以替代旧时的神龛或做其他用途。制作搁板架的窍门在于选配好材料和安装于墙面的适当位置。

材料的选择上以整块木板、层板或塑料板为好，一般厚度为20mm，塑料板可稍薄一点，应把握好其荷载承受能力，并将木板周边用实木条给框住，以防止板面变形和增加其承重能力。其支承的材料可选用60mm（宽度）×12mm（厚度）的钢板材，嵌入墙体内，或是选用40mm×30mm的松木或杉木

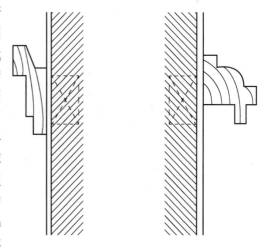

图2-17 挂镜线与挂镜点的装饰

枋做三角形支承架，竖着贴墙面，钉入圆纹钉钉固，或用螺钉固定。其支承架和搁板的颜色应与墙面颜色相协调，不能破坏墙面色彩的视觉效果。

安装支承架或嵌入钢板的时候，应当先检查墙面是否平直，如有凹凸不平，必须事先进行找平、补平或铲平，加工涂饰好墙面，达到平直要求，方可进行安装，以确保搁板的

质量和安全。如图 2-18 所示。

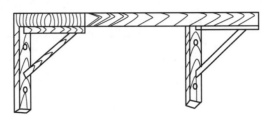

图 2-18　木质搁板架与搁板安装

2.2　特色石材装饰窍门

　　石装饰在家庭装饰中被应用得越来越广泛，几乎每一个家庭装饰都有着石装饰的设计要求。不仅厨房、卫生间和阳台的地面、墙面离不开石(瓷砖)装饰，而且客厅、餐厅与走廊、玄关等重要部位，同样离不开石(瓷砖)装饰，甚至在卧室内，即使地面是木地板装饰，也在门过渡和窗台上采用石装饰，以展示出特有的风采。特别是在客厅的电视背景墙面上，不少业主和装饰设计师都有意地选择石(瓷砖)装饰，其效果是那样的具有意想不到的特色，给整个家庭装饰增色不少。因此，应用好特色石材装饰窍门，一定能使家庭装饰别具一格。如图 2-19 所示。

图 2-19　选择 L&D 品牌瓷砖装饰墙面与地面

一、瓷砖镶贴

　　瓷砖镶贴，是在铺上水泥浆后，把瓷砖块一块接一块地挨着铺平。这种镶贴地面瓷砖的做法为干铺。看似简单，其实不然。因为无论是镶贴地面瓷砖，还是镶贴墙面瓷片，都是有不少窍门的，必须加以掌握，方可达到镶贴的质量要求。尤其是在客厅与餐厅及走廊地面镶贴 800mm × 80mm，或 600mm × 60mm 的大规格瓷砖，在不平整的墙面上镶贴 300mm × 200mm、200mm × 150mm 规格的瓷片，还有面对不规则的地面和墙面镶贴瓷砖或瓷片，如果不掌握窍门，不采用好的方法，即便有多年工作经验的老师傅，镶贴的地面和墙面也达不到好的装饰效果。

那么，瓷砖(瓷片)的镶贴要掌握哪些窍门呢？

首先是针对基层面积找正。因为大多数居住的墙角和墙面都不是很规范，不是相交垂直度不好，就是墙面不平直，需要按照瓷砖尺寸规格对基层面积进行找正，并在地面上画出找正线来。而划出的一条正线必须是与门道口成直角的线，即以垂直线作为基准线，使其从门框的中心线点向居室内引伸，接着按照镶贴瓷砖的整块宽度尺寸等分出来，并标出最后一块整块瓷砖的镶贴线点。同时，以该线点向横向面和空间宽度又画出直角线点，也标出整块瓷砖宽度尺寸的等分。这样，在找准居室内的直角相交地面后，才可以此处为镶贴瓷砖的起始点来确保装饰质量。如图2-20所示。

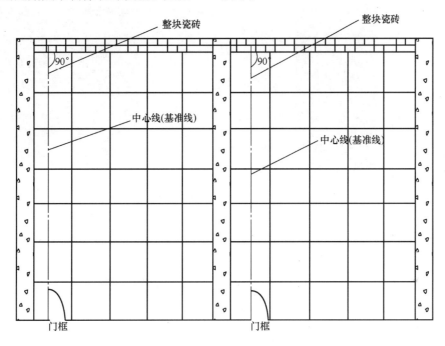

图2-20　镶贴地面时先画线找正

接着镶贴瓷砖。由于瓷砖品种和规格较多，因此要针对不同瓷砖把握好窍门。瓷砖品牌有L&D(里奥纳多·达·芬奇)、马可波罗、宏宇、蒙娜丽莎、欧神诺、意利宝、能强等品种。尤其是L&D瓷砖品种齐全，有亮光、哑光、金属装饰釉面多花色式样，印花、水晶、皮纹型釉面、无釉的瓷质优良砖等。如图2-21所示。

同时，品牌瓷砖(瓷片)还分有抛光瓷砖、防滑瓷砖、渗花瓷砖和钢花瓷砖等。一般镶贴客厅、餐厅和走廊地面上的，大多是大尺寸规格的。对于大尺寸规格的抛光瓷砖，其平整的误差比较小，只需做小部位的挑选就不会影响到镶贴平整的质量；若是亚光瓷砖，即没有经过打磨和抛光的，其平整率变化则比较大，而且其变形程度也不尽相同，因而在镶铺前必须进行认真细致的挑选，将变形相似或相近的作为一间居室或相近部位进行镶贴铺，否则既难以达到平整质量要求，还会因其变化形状的差异造成镶贴面视觉效果很差的感觉，引起业主的不满意而要求返工。同时，对于大尺寸规格瓷砖镶贴，接缝处应留有适当间隙，为的是热胀冷缩时瓷砖不受明显的影响。有的镶贴师傅在作业的时候，以放分隔条来保证间隙的一致性。镶贴完工24h或48h之后，再将分隔条取出，用填缝剂填缝。现

图 2-21　L&D 品牌陶瓷系列

行家庭装饰镶贴大尺寸规格地面瓷砖时，有意在接缝的块与块之间相隔 3mm 左右，以专业填缝剂进行填缝，既成为一种新的镶贴风格，亦可避免热胀冷缩给予瓷砖带来的影响。如图 2-22 所示。

图 2-22　客厅镶贴大规格瓷砖时用填缝剂填缝

　　如果给卫生间镶铺瓷砖，无论是镶铺抛光即亮光瓷砖，还是镶铺不抛光即亚光瓷砖的时候，除了在镶铺贴前对瓷砖进行认真细致的挑选外，重要的是给地面先做防水处理，如图 2-23 所示。地面防水处理，一般是涂刷防水涂料。防水涂料分有油性和胶性的两种。地面最好是涂刷油性的为好，其厚度在 1mm 以上。墙面做防水处理，既可涂刷油性的，又可涂刷胶性的，其厚度也在 1mm 以上。当防水涂料干透后，再镶贴瓷砖。如图 2-24 所示。

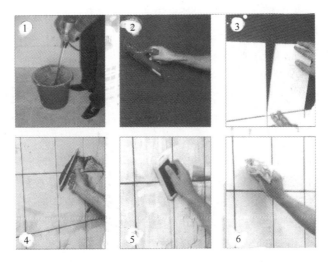

图 2-23 卫生间贴瓷砖、瓷片前先做防水处理

图 2-24 使用品牌瓷砖、瓷片装饰卫生间

　　现在镶贴瓷砖，均采用干铺的做法。所谓干铺，是指对水泥和细沙（通过细眼筛过筛的）的用量，按照 1:3 或 1:2 的比例调和搅拌成干硬性的水泥沙形状，用做地面瓷砖镶贴的基础层，先将待铺贴的瓷砖试铺好，再将瓷砖底面抹上水泥浆进行镶贴定型。这种镶贴的瓷砖对地面平整的要求就不十分严格了，只要达到基本平整，没有高耸的坚硬物妨碍就行了。因为干铺的干硬性水泥砂浆面层厚度一般在 30mm ~ 40mm 尺寸，故只要将地面清扫干净，给地面洒水湿润，给干铺的干硬性水泥砂浆进行推平和拍实，便可以顺利地镶铺

瓷砖了。

对于镶贴瓷片的装饰墙面，其基层处理好则显得很重要了。如果墙面基层处理马虎，留有残存的灰尘杂质或有油污，墙面光滑又没有打毛凿孔，就容易使镶贴的瓷片造成空鼓，主要是基层面与镶贴的瓷片不相融洽，尤其是太过光滑的墙面，若处理得不好，最容易带来镶贴的质量问题。墙面镶贴瓷片是采用湿贴的做法，即将浸泡过的瓷片底面抹上水泥浆，直接镶贴到经过处理的墙面上进行装饰。因此，墙面基层处理一定要到位，清理干净，湿润墙面，抹好底子浆，做成扎实的底子墙面，需要阴阳角相接处的墙面要平直。接着，将形状、尺寸和色调等最相一致的瓷片选配到一起，按序列排放，浸泡水中。浸泡用水必须是清洁的。给瓷片浸水有两个方面的作用：一是清洗干净，不让瓷片自身沾有杂物，经过清洁水洗涤可保证其干净；二是湿铺时，湿润墙面与干燥的瓷片不服帖，必须先将瓷片湿润好，特别是在夏季水气挥发过快，还要给瓷片"喝饱水"，即将瓷片在清水中浸泡几个小时，使之成饱和状态。这样，就不易出现湿铺时与墙面不粘贴的状况。

现实中，有不少的瓷片铺贴操作人员不给"全瓷性"瓷片泡水，其理由是"全瓷"不"食水"，这是毫无道理的。"全瓷"只是相对于一般瓷片"食水"少和慢一些，故而对于"全瓷"瓷片浸水时间要更长久一些，甚至超过24小时，才能确保其与湿润的墙面相服帖，确保镶贴质量。不然，就容易出现瓷片是瓷片，墙面是墙面，两不相融洽，当镶贴的瓷片在水泥浆干燥后就发生空鼓的质量问题。

在镶贴瓷片时，应将浸泡好的瓷片从水中捞出晾干备用，再按照铺贴的工艺和技术要求，牵线测平。要求每块瓷片底面抹的水泥浆要均匀，不留缺失面，镶贴的四周表平面与直边接缝都得平整，不得有歪斜与翘曲。如发现亏浆，必须取下重新抹满水泥浆，以免出现空洞。同时，还要随时用掉线、靠尺等方式检查垂直性和平整度，随贴随检查，不得出现接缝不一致，宽窄不一样问题，做到阴角要平直，阳角要方正，贴面压向要正确。镶贴完毕后，有不少的镶贴还采用白水泥粉或水泥浆擦填缝隙，并及时地清理干净，保持贴面的清洁。如图2-25所示。

图2-25　用水泥浆擦填缝隙

二、石材铺面

石材铺面主要是指应用天然大理石、天然花岗石、人造花岗石、真空大理石、水磨石和聚酯混凝石等做装饰面。如图2-26所示。

成品石材铺贴装饰表面，大多采用湿铺。所谓湿铺，是指用水泥（标号选用325）与过细筛后沙按1∶3或者1∶4的比例，调和成湿软的水泥砂浆，直接涂抹在石材底面进行地面或墙面铺贴的做法。湿铺法看似很简单，但要铺贴出高质量的装饰面来，却有许多的窍门。

图 2-26 堡斯德改性亚克力装饰板材

由于石材面积大，份量重，水太好摆弄，搬运起来也很不方便，耗费体力比较大，不好把握铺贴效果。在家庭装饰中，对于铺贴石材的质量要求很高，不能有差错。从视觉上看，铺贴面要平整，色泽选择要协调，接缝密实平直，宽窄均匀，手感平滑舒适，不能有空鼓。铺面整体平衡度误差为 $2m^2$ 内不能大于 1mm，更不得有高低不平和偏斜。每铺贴一块石材板时，都要用水平仪测量检验平整度。一般家庭装饰中，铺贴石材面不是太多，一方面是价格偏高，铺面过大，会造成装饰成本过高；另一方面是石材重量不允许大面积铺贴，以免过于增加楼房承重，造成家庭安全因素降低。因此，选配石材装饰表面，为的是起到点缀和扩大美观效果的作用。这样，无论是用于装饰地表面还是用于装饰墙表面，都是很有限制地在窗台面、门过渡、楼梯踏面、厨房灶台面、洗漱台面和电视背景墙面等地方进行铺贴。如图 2-27 所示。

铺贴石材虽然是采用湿铺法，但如果其基础处理不好，不按工艺和技术要求去做，也容易造成基层地面与石材板的分离，造成空鼓、开裂、脱落和不平整等质量问题。所以，一定要选配好石材板，使其规格、平整度和尺寸是一致的，并将这些材料板有序地排列在一起。对于过长过宽的，要平放在人少去的地方，以免踩踏出现开裂问题。干燥季节铺贴前，还要给予浸泡或淋湿备用。对于湿铺的地面基层一定要整理平衡，底层要平实，不能有杂质，清理干净，基层平整度误差不得大于 2mm，用抹水泥浆方式找平。等待找平水泥浆达到强度后，才可进行铺贴。铺贴时，还要给予地面洒上清水湿润，以利于铺贴胶粘效果。

对于整台面铺贴的底面，对铺贴水泥浆要抹平和拍实，使水泥浆露出来后，将备用的石材板按其图案、色彩或纹理对正好，再铺贴上，对着平衡线找平衡。对于高出部分须用木锤或软锤轻轻地拍击，直到四个角平衡。铺贴面踏实，对缝水平垂直，才算铺贴好。值得注意的是，刚铺贴的石材板不宜重压、人踏和随意搬动，这样容易造成不平整、不整齐

图 2-27　厨房灶台面用石材装饰

和易空鼓的现象，造成质量问题。

　　搬动和拍击石材板时，也要十分注意，搬动和放下石材板的时候，一定要平起平放，要避免碰伤石材板的边沿和角边。使用木锤或软锤拍打时，绝对不能拍击到石材板表面的边沿，为的是防止因拍击不当而造成崩边，崩渣和崩角，会严重地影响到铺贴的装饰效果，引起不必要的返工和损失。如图 2-28 所示。

图 2-28　铺贴石板材不得损坏表平面

三、弹性地面砖铺贴

弹性地面砖主要指乙烯树脂地面材料、沥青砖、乙烯塑料卷材、乙烯树脂砖、乙烯石棉砖和软木砖等，在家庭装饰中，大多用于地面铺贴，给现代生活增趣不少。如图2-29所示。

具有弹性的地面铺贴材料，与木地板和瓷砖相比，具有颜色好、耐脏耐划痕和耐油污等优点，还具有花样适当，颜色协调，脚感柔和，消声抗噪声和维修方便的特征。特别是乙烯树脂砖及地面卷材，更是较高级的地面铺贴材，应用十分广泛。

铺贴弹性地面砖及弹性地面卷材，要想得到最佳的使用效果，铺贴前必须做到地面表层平整和干燥，没有灰尘、石蜡及其他污物，显得非常干净。如果在原有装饰地面上铺贴，例如在油漆过的地板上，油漆层必须粘牢固，没有裂痕和脱皮现象；在旧地板的面层，也必须附着牢固和平整，且要清除掉地板表面上任何贴面物。对于破损、松动的木地板要进行修复，钉胶结实，不得有不合适之处。

图2-29　弹性地面材料装饰

接下来是按照铺贴的尺寸规格给铺贴面进行画线排列。先用一根长于居室空间的粉线或墨线，两端固定于居室两边相对应的位置的钉子上，钉子要高出地面20mm，然后用拇指与食指捏住粉线（或墨线）中间部位，向上拉起再放下，使地面现出一条粉线来。按照这条粉线（或墨线）测定出中心点，就从这个中心点处以直角形摆一行"平行"的砖，直到墙角边，以整块砖排列为准，如果距墙边不是整块砖的间隔，则以这个间隔与中心线平行弹出第二条粉线（或墨线），作为排列整块砖的定位线，线外到墙边的空隙则排列零星砖。排列好一侧整块后，对另一侧也采用相同方法进行排列，弹出粉线（或墨线）。而纵向中心线的空间，则是从中心线的中心点横向弹出一条粉线（或墨线）作为两边空间排列整块砖的起点，向两边进行排列，当排列到墙边时，也以整块砖排列为准，对不足整块砖的间隔，平行横向弹出粉线（或墨线），线内是整块砖的排列空间，线外到墙边的空隙是排列零星砖的。如图2-30所示。

排列完后就可正式铺贴了。一次铺贴一半房间，先将胶粘剂涂抹在中心线两侧地面上，在两粉线（或墨线）正交直角处铺贴头两块砖，然后从两边向外铺贴，形成尖塔形。将地面砖压入胶粘剂，铺贴好后不可随意移动。铺贴时应注意花纹的拼接，边涂抹胶粘剂，边铺贴地面砖，直到墙边缘的第二条粉线（或墨线）。这样依次铺贴，直到地面砖铺贴完毕。值得提醒的是，在挑选地面砖时，要选择花形变化大一点的，这样对接缝、凹凸不平、划痕和污迹的遮盖有好处。如果挑选单色如白色或黑色的，在维护上会带来更多的不便。

在裁切地面砖的时候，以沿着需要裁割的内侧画线入手，而切不可用测量尺寸的方式画线裁割，因为这样容易出现误差而影响铺贴质量。特别是遇到不规则的墙边缘时，更是要对着实际形状画线裁割，确保铺贴的效果。如图2-31所示。

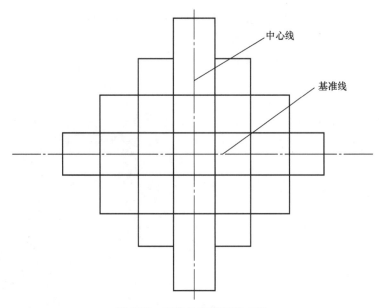

中心线

基准线

图 2-30　弹性地面砖铺贴方法

图 2-31　弹性地面砖铺贴装饰

2.3　特色涂饰窍门

涂饰在家庭装饰中是不可或缺的。没有涂饰的装饰，恐怕是很难做得到的，从以往的成功经验上，可以说得上是"三分装修，七分涂饰"。涂饰能使粗糙的建筑墙面"容光焕发"、漂亮无比，平淡的家具变得光彩照人、经久耐用。总而言之，涂饰可以是一"饰"遮"百丑"，改变原有面貌，美妙无穷。因为涂饰，使得现代家庭装饰变化不断，创新不停，推动着装饰行业的更快进步。如图 2-32 所示。

图 2-32　多色涂饰墙面装饰居室

一、仿瓷墙面涂饰

仿瓷墙面涂饰是家庭装饰中主要和关键的部分，其工程量最大，也最能反映装饰效果。在家庭装饰中，能娴熟地做好仿瓷墙面，可使业主从中看到自己家庭装饰的好坏，给自己的家庭装饰一个大致的评价了。

仿瓷墙面做得好与不好，其重要之处在于墙面底部的处理，首先是要打磨到位，去除不平整和不光洁。对于一般墙面，用铲子或錾子剔除干净墙面上的砂浆、杂物和鼓包等。对灰层疏松，起皮的地方不厌其烦地清理，不留任何的残渣，并认认真真地进行修补平整。面对新的水泥墙面，先让其充分干燥，让墙体内的水分子或碱性物质挥发得一干二净后，再用铁砂纸反复地打磨，直到整个墙面平整、干净和光滑，视觉良好。

接着是给墙面批刮仿瓷，进行全面的打底面，补低面，填小孔，使之基本底面能平整一致，没有明显的凹凸面。批刮的仿瓷腻子，是由钛白粉、滑石粉或立德粉等材料调制而成。方法是先将钛白粉、滑石粉或立德粉倒入水中搅拌成浆状，再将聚乙烯醇以 1/10 的比例，用少量温水溶解后倒入水浆里搅拌均匀，最后又加入 1/25 比例的羧甲基纤维素，再进行搅拌均匀便可以使用了。如果用到刷涂和喷涂的做法，其搅拌用水就多一点。如果使用刮涂的做法，则用水要少，要搅拌成稀泥状，以刮涂墙面有一定的厚度也不下滑为宜。这类粉剂材料，以钛白粉为最好，滑石粉和立德粉等次之。上等粉细度和白度都好，差的刮涂的时间久了会变黄。如图2-33所示。

图2-33　仿瓷涂料的装饰效果

采用刮涂或刷涂，每一遍覆盖都要等干透后才能进行下一次刮涂或刷涂。在做内墙涂饰时，要注意气温变化，气温过高，如在35℃以上，要关注因干燥影响到墙面浆粘质量，尤其不要成粉状下掉；气温过低，如在5℃以下，则要关注因水气未挥发完而造成日后浆粘起壳脱皮。一般在这样的低气温下不要刮涂或刷涂墙浆，以免造成返工。刮涂或刷涂完成之后，要认真地进行打磨，使墙面平整光滑，不能有砂眼和凹凸现象，墙的阴阳角平直出棱角，不能掉角缺棱。如果达不到要求，就要进行修补，直到符合内墙检验质量要求，才能进行饰面涂饰的滚涂或喷涂。

在底面涂饰做好之后，即可涂饰乳胶漆。乳胶漆的种类很多，最常用的有聚醋酸乙烯内墙乳胶漆和聚丙烯酸光乳漆。乳胶漆具有以水为分散介质，无有机溶剂污染，无火灾危险，施工方便，涂膜干燥快，保光保色性好和透气性能强等优点。如今市场上经营的乳胶漆品牌有紫荆花、多乐士、华润和立邦等。如图2-34所示。

图2-34　各种品牌桶装涂料

　　乳胶漆可刷涂、滚涂和喷涂在混凝土、水泥砂浆和白灰墙面上。对做好底层涂饰的墙面最好用滚涂的做法涂饰，一般要做 2 遍以上的涂饰。对于色泽涂饰其遍数就要多一些，直到色彩一致才算好。气温在 20℃ 以上，每滚涂一遍间隔时间为 2 小时以上，气温在 20℃ 以下且湿气比较大的区域则需要更长时间。每遍滚涂不宜太厚，宜薄且均匀，不可漏涂，注意搭接得好。同时，在涂饰乳胶漆时，应当避免与清漆、色漆一同或交叉施工，以防乳胶漆泛黄。每当遇到门窗、家具或地板涂饰时，最好将涂饰的墙面进行遮挡或遮盖，不让其他涂料浸入乳胶漆面上。乳胶漆在完全干透后不容易引起泛黄。夏天气温高时，其干透固化约 7 天时间，冬天气温低时约 15 天时间，潮湿天气则需要更长时间。因此，在阴冷天气里尽量不作乳胶漆的涂饰。如图 2-35 所示。

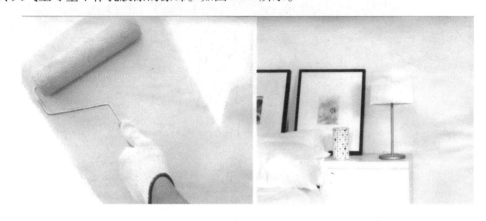

图 2-35　墙面涂饰滚涂操作

二、木质装修涂饰

　　木质材料在装修和制作用品之后做涂饰，能达到美观靓丽，给家庭装饰增光添彩的目的，是家庭装饰的重要内容。因为涂饰能保护木质装修表面不受腐蚀和侵害，可延长其使用寿命。针对不同木质装修和木制品（家具）表面和材质性能，要有针对性地选择和配用涂料，做有效性的涂饰。如实木材质表面做涂饰，可先用清油或油性清漆打底，以利于提高涂饰层的装饰效果。同时，也可以给实木板表面做封闭式全面打底，防止底面反色或吸收面层墙面涂饰的光泽，影响到装饰效果。人造板之类的材料表面，大多是采用刮全底腻子，实施涂料刮全底的封闭做法。与点补眼刮底相比较，两种做法造成的涂饰表面，给人的视觉感是大不相同的。

　　要做好木装修和木制品（家具）表面的涂饰，还在于对涂饰工艺和技术的把握，对涂料性能的选择和配用。应分清木质表面涂饰是透明，还是不透明；涂饰后表面光泽程度是明光、亚光，还是无光状态。若是做透明和明光木质装饰或木制品（家具）的涂饰，就要保持原木表面纹理和色泽的清澈明了，光亮夺目，且具有主体感入手。做底面层和表面层的饰面涂饰，要选择和配用透明透亮的涂料，并且每次涂饰要薄而均匀，打磨要做到清晰和光滑。将底层涂饰做好，饰面才能有好效果。若是做不透明和亚光木质装修或木制品（家具）的涂饰，则要根据家庭装饰风格和色彩要求，选择和配用相协调的色彩涂料，把木质表面的纹理和色泽遮盖住，做出与整个装饰色泽配合很好的视觉效果，显示出美感。值得重视的是，要做出好的木装修涂饰，是要从做好底层面打好底子做起的，打磨好底面，涂饰每一层都很均匀且薄，让人感觉到饰面漆膜平整一致，色彩含蓄又有特色，光泽柔和，久看不厌，并且有手摸舒适的效果。如图2-36所示。

图2-36　木质装饰涂饰效果

　　从成功的涂饰经验来看，要想做好涂饰，最重要的是要做好涂饰前的处理，打磨好涂饰表面的每一个面，从掌握木质基层板面的含水率，到木质的不同质量和性能。木质含水率南方不得超过15％，北方不得高于12％。木质表面不得留有污垢、灰尘、松脂和胶渍等妨碍物，必须要清理得干干净净。对于木刺，如果采用直接硬扯的做法，只会伤害表面，使其更不光滑。如采用火燎与湿润法清除，就不会使木刺再伤害到表面了。油渍和胶渍的清理，切忌用力刮和火燎，而应采用热肥皂水、碱水和温水清理，也可采用酒精、汽油和稀释剂及其他溶剂来擦拭干净。对有树脂的木板面，就选用溶剂溶解，或采用碱液洗涤，或用电烙铁熨烫消除的做法去掉，再以刮腻子填补上。接着对清理后的木质表面，用细砂纸进行细心打磨，直到符合涂饰的要求。

　　透明木质表面的色斑和其本身颜色存在着明显的色差时，也应须做必要的处理，除掉色斑，均匀颜色和降低色差。其实施的窍门是视不同情况有针对性地进行。对色斑和深色进行漂白，即退色，一次没达到要求，就再做一次，直到满足涂饰质量要求。退色大多采用过氧化氢（俗称双氧水），即用浓度15％~30％的100g过氧化氢与浓度25％的15g氨水的混合液均匀地涂刷在有色斑的木质表面，涂刷约3小时后，木质表面便会均匀退去色斑或深颜色，色差明显减去，不需要再做任何处理就能进入涂饰工序。还可用草酸、漂白粉与碳酸钠——过氧化氢做漂白处理的，使木质表面能够达到涂饰工艺和技术标准，以提高装饰质量。

　　在家庭装饰中，有相当多的木质表面涂饰，都是选择透明透亮的优美纹理和醒目的色泽。然而，原木本身难以达到要求。这时，可以人为地给木质表染成统一色泽，或是采用化学增色的窍门，加以改造。染料着色有水色与酒色两种；化学增色是利用化学品使木质表面发生化学反应而凸现原色泽，并有目的地将原有木质纹理显现，从而达到自己希望的涂饰效果。

　　使用腻子补眼必须抓住水性填补材料和油性填充材料的区别，使木质装饰涂饰质量更好。水性填补材料主要是用水和钛白粉、滑石粉或立德粉等原料，并根据木质表面的色泽选择颜料调配而成的。补眼一般分多次进行，顺着木纹理刮涂，头次刮饱满一些，待晾干透了后，再进行第二次与第三次填补。油性填充材料则用油腻子。填平补好晾干透后，必须进行细心地打磨，以达到涂饰工艺和技术要求才算完结。不过，值得提醒的是，木质材料刮腻子补眼做底平面，最好采用油性腻子做，其附着力要好些。此外，水性和油性填充材料不可以混用，因为两个材料对于木质的附着力不同，故而容易造成变差的不一样影响到涂饰质量。

　　用填眼补腻子的做法，为的是做透明透亮的涂饰。至于做不透明涂饰，是在打磨好原木质表面后，再做全底腻子的刮涂，遮盖木质表面，隐去原木纹理和色泽，并以业主意愿或装饰整体风格要求选择色彩或纹理，再经过多次打磨与补刮腻子，在打磨平整光滑之后，方能进行表面的涂饰。如图 2-37 所示。

图 2-37　透明与不透明涂饰装修木质品

　　以往做木质装修饰面涂饰，多用毛刷进行涂刷。一般为消除搭接痕迹，先从木质表面顶部开始，先涂刷出一定尺寸的宽面，然后再刷开去，且是一刷到底部。刷时一般采用从左至右或从右至左(依个人刷涂习惯)，依次地涂刷完成一个面，再涂刷另一个面。

　　现如今，使用毛刷涂刷饰面的做法已不多见，主要是达不到高质量和高标准的要求。对木质板材饰面，大多是使用由空气压缩机连着喷枪或喷罐带着气压喷涂了。喷涂时，喷枪或喷嘴是垂直于喷涂面的，从边、角部位开始喷涂，接着是大面的喷涂，以横喷与纵喷交替进行，最终以表面喷涂均匀为标准。喷枪或喷嘴与木质涂饰面的距离不能太远，也不能太近，应当控制在 250～300mm 之间。但头次喷涂距离可稍近一点，再度喷涂则略远一些。

　　喷涂要做平行运行，运行要均匀流畅，不可做弧线运行。喷涂时，不要在一处喷涂时间过长，以免引起流挂和皱皮。每次喷涂完之后，要充分留出晾干的时间。如果木质表面需要特别光滑明亮，就要多次运用细砂纸打磨，一般是用细致水砂纸反复打磨底面和中间涂层。

　　喷涂涂料宜稀，喷涂面层宜薄，这样经过多次喷涂方能达到质量要求。不过，值得重视的是，由于喷涂料是用适当比例的溶剂稀释的，必须要用尼龙布袋或较细密的纱布过滤，除去涂料中的颗粒或杂质，才能够使用。如图 2-38 所示。

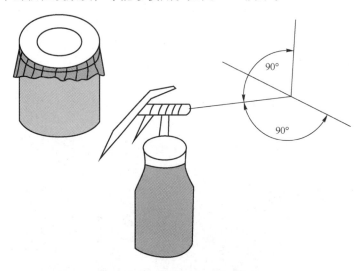

图 2-38　喷涂角度与涂料过滤

三、金属装修涂饰

　　在家庭装饰中，用金属进行装修的部位并不是太多，如钢门窗、钢屋架、铁栏杆、暖气片、管道、铁艺和金属制品（家具）及扩窗等。这些金属设施和部件最大的缺憾是在暴露于大气的状态下会生锈。在装饰中给予其涂饰，一方面是为了防腐蚀，延长使用寿命，另一方面则是提高美观度，为家庭装饰增添亮点。如图 2-39 所示。

a) 楼梯栏杆

b) 阳台

图 2-39　创意铁艺装饰涂饰效果

　　金属装修涂饰，也少不了要做底层处理。但实施的方式与木质材料和墙面装饰是相似的。金属结构和部件的底层，一般情况下，采用砂布、刮刀、锤凿、砂轮和钢丝刷等，用人工敲、铲、刷和打磨的做法，除去金属表面的锈垢和氧化物，再用松香水、汽油或稀释剂等溶液进行清洗，使得所有的污垢擦洗干净。如果觉得用人工方法达不到清洁的要求、打磨不光滑或硬性物除不去，就可以采用压缩空气喷砂的方式，以冲击和摩擦等机械力的作用除去铸型砂、氧化皮和锈斑等。还可以直接用打磨机和风动砂轮来清除锈斑与杂物。

使用机械和人工处理之后，如果还有污垢或锈斑处理不到位，妨碍饰面的涂饰，那么，就要采用化学方法给予处理。如用 15% ~ 20% 的工业硫酸与 85% ~ 80% 的清水，调配成稀硫酸溶液，将要净化的金属件置于这种溶液中约 10 分钟，一般情况下是能除去污垢或锈斑的。采用化学净化后，需要用清洁水冲洗干净，并且以自然晾干。如果只是清除锈斑，也可采用除锈剂涂刷清理。应用硫酸调配溶液时必须要十分小心，不能让硫酸溅到人身上；从倒硫酸到搅拌都要很细心，徐徐地倒，轻轻地搅，必要时还要戴上口罩和眼镜及手套等防护用品。这是去除钢铁与铸铁等金属面上的锈斑和污物的做法，至于铝合金与铝镁材等一类金属，可用洗洁精等一类去污剂清除其表面灰尘、油腻等污垢，再用清洁水冲洗干净，接着用磷酸溶液（由 85% 磷酸 10 份、醇油 70 份、清洁水 20 份调配成）涂刷在表面上，过 2 分钟左右，再将刷子轻轻地刷一刷，用清洁水洗一洗，就可以达到涂饰面上的工艺和技术要求了。如图 2-40 所示。

图 2-40　经过涂饰的金属家具效果

做好金属表面的污垢处理后，一般情况下是先涂制防锈漆。给花样复杂的小金属件涂刷防锈漆，以两人合作涂刷为好。一人先用干净棉纱蘸着漆揩涂，另一人用小油漆刷做通式的刷涂，而且要刷得厚薄均匀，每点每部位都要刷涂到位，尤其是缝隙处。待防锈漆晾干后(一般是 24 小时以上)，就按照金属做装修工艺和技术要求做下道工序。如果要求涂饰面平整和光滑，接着给金属面批刮腻子。对于批刮大面积的腻子，还需在腻子中加入适量厚漆或红丹粉，以增加腻子的干硬性，有利于批刮层面平整。在批刮每一道腻子晾干后，都必须进行打磨，有用人工打磨的，也有用机械打磨的，其目的是要磨平磨亮。待达到装饰工艺和技术质量要求，就可以涂饰面漆。

涂饰面漆前，为确保面漆涂饰质量，有必要在防锈漆的涂层上先涂一层磷化底漆，可增加面漆的附着力，延长使用寿命，避免金属过早地受到腐蚀和生锈。

磷化底漆是由两部分物质调配组成，一部分是底漆，另一部分是磷化液。将它们混合在一起搅拌均匀，其比例为 4∶1，即每 4 份底漆加 1 分磷化液。因磷化液不是溶剂，其用量是有严格要求的，不能任意进行增减。所以，每次都要按用量来调配，不能过多，调配要搅拌好，先将底漆盛入非金属容器内，一面搅拌，一面倒入磷化液。搅拌好的磷化底漆必须当天用完，不能超过 12 小时，否则会凝固。

刷涂要薄与均匀，太稠可用 3 份酒精(浓度 96% 以上)与 1 份丁醇混合调配成的稀释剂调稀。要注意含水量和刷涂场地不能太潮湿，以防刷涂的磷化底漆发白，影响到面涂效果。

在磷化底漆刷涂 2 小时以上后，就可以涂饰面漆，一般以涂刷两遍以上为好。如图 2-41 所示。

图 2-41　经过涂饰的铁门装饰效果

四、特种装修涂饰

由于家庭装饰日益讲究轻装修，重装饰，无疑给装饰提出了不少的新课题。特种装修涂饰越来越被重视，运用范围日益增大。它往往应用于古典装饰、欧派装饰以及其他仿型装饰之中，起着突出装饰特色的画龙点睛的作用。

如电视背景墙造型、走廊壁造型和玄关造型，以及房门、柜门造型上做特种涂饰，可给人一种特别夺目的感觉。如人们常见的金粉、银粉及透明仿金涂饰，这些涂饰显现出来的金色和银色等，给家庭装饰平添了几分亮丽、富贵之感。

金粉、其实是铜粉；银粉，就是铝粉。在做这一类特种涂饰时，首先要把涂饰的部分或部位用细砂纸打磨光滑，并清理干净，晾干后，便在底部涂刷一遍浅色调和漆。在底漆晾干后，用细砂纸轻轻地打磨表面并清理掉灰尘，再用清漆与金粉或银粉调配成金粉漆或银粉漆涂刷一遍。待漆膜稍晾干、不粘手的时候，用小羊毛刷、猪毛刷或软棉球蘸着干金粉或干银粉，在漆面上轻轻地均匀刷扫着，使金粉或银粉能粘贴在尚未干透的漆面上。当漆面完全晾干固化，就把多余的金粉或银粉扫去，最后再在表面上涂饰一遍透明清漆，即是大功告成。

　　特种涂饰要取得好的成效，还有另外一种做法，那就是采用透明仿金涂料。透明仿金涂料是一种双组分的新式涂料，其涂饰固化后能显现出漂亮的金黄色调，并具有透明感，观赏效果好，特别受人青睐。其做法是把涂饰的部分打磨光滑，清除干净，再按所需要的颜色式样，将仿金涂料按照甲、乙两组分配比，调配成所需的式样色调，用涂饰工具认真细心地涂刷上去，使其干透固化就可以了。如果是在专业加工厂里进行涂饰，还可以使用烘烤的方式，能缩短干固的时间。如图 2-42 所示。

图 2-42　给电视背景墙、造型门、窗、造型墙等做特种涂饰

　　现代家庭装饰中的玻璃涂饰特别的不易做好，需要掌握相应技术工艺，才能达到设计工艺和技术标准，完成这种特别涂饰。

　　玻璃表面很光滑，涂料不容易粘附上去。涂饰前，先用去污剂或洗涤剂去除玻璃表面上的油污、胶渍、灰尘和其他污垢，用清水冲洗掉洗涤剂或去污剂残留。晾干后，用干净的棉纱蘸着细刚玉粉，在玻璃上反复地涂擦，使之变得粗糙，并清理干净。然后，给涂擦过的玻璃表面进行涂饰。用透明的硝基清漆加以适量的染料，搅拌均匀，使其为带有色彩的硝基清漆，用喷枪与玻璃面呈直角，平行地运行喷涂于上面，即可得到透明的彩色玻璃。同时，也可以应用醇酸清漆或酚醛清漆涂刷在涂擦过的玻璃表面上，晾干后，再把玻璃浸入用温水溶解的染料液体里，使得清漆膜染上需要的颜色，成为透明的色彩玻璃。还可在涂擦的玻璃表面上，直接涂刷上相应色泽的调和漆或磁漆，也能使玻璃有色彩，但这样做的效果却不是透明的。如图 2-43 所示。

图 2-43　玻璃表面的各种造型涂饰

　　特种装修涂饰还有很多种做法，如石膏面、木雕和泥塑表面的仿古铜涂饰，就有不少种做法，可以把其涂饰成古铜色、青铜色、黄铜色和金黄铜色等。能给这些装修或装修部位增添亮丽色彩，给家庭装饰提升几多品位。

　　如给石膏装修表面做仿黄铜涂饰，其方法是：清除装修表面的灰尘和污垢，用石膏腻子填平表面缺损处，晾干后用细砂纸打磨平整、光滑，用刷涂或喷漆的方法将虫胶漆涂饰做底漆，晾干并附着上后，再在涂饰一遍的虫胶漆里掺入少量氧化铁黄调匀，用羊毛排笔或大号底纹笔蘸取，涂满表面，等待干透，再用细砂纸轻轻地打磨光，注意不能露底，最后用 1 份金粉与 3 份虫胶漆，或硝基清漆 2 份与 1 份金粉调配成的金粉漆刷涂或喷涂两遍，每涂饰一遍必须干透，才可进行下一遍的涂饰，这样，石膏装修表面就成为仿黄铜色彩了。

　　如果给装修的石膏表面做仿青铜特种涂饰，其基层面的做法是相同的，只是在色彩涂饰材料调配上有区别。涂刷或喷涂仿青铜色彩，是以虫胶清漆 3 份加 1 份金粉，再加 0.05 份铬绿调配成虫胶铬绿金粉漆，涂刷两遍干透后，又涂刷一遍由 1 份金粉加 0.05 份铬绿、0.05 份炭黑和 3 份虫胶清漆调配成的虫胶铬绿炭黑金粉漆。在这一次涂饰的漆还未干透前用软布蘸少许酒精擦拭多余色漆，使表面呈现出深绿色，最后再喷涂一遍薄薄的虫胶漆作为表面保护层就可以了。给石膏表面做仿色彩特种涂饰的关键之处，就在于欲仿色彩要用相关原料与色料调配成功，涂饰均匀，每涂饰一遍宜薄不宜厚。如图 2-44 所示。

图 2-44　石膏表面、木雕表面做装饰造型涂饰

五、各种装修涂饰弊病防治

　　家庭装修中的涂饰，包括装修家具，吊顶涂饰和墙面涂饰，甚至还有木地板及木门窗、木护墙板等的涂饰，由于个人技能、实践经验、气候条件、环境状况及材质上存在差别，经常出现这样或那样的质量问题，必须认真加以防治。

　　装修涂饰的质量问题，常表现为裂纹、砂眼、翻皮、流挂、慢干、返粘和掉粉等现象。

　　批刮腻子常见翻皮和裂纹，一般是气温太低作业、调配腻子搅拌不好、偷工减料或批刮过厚等原因造成，表现为涂饰物表面批刮的腻子翘起，起鱼鳞皱状和大面积的小裂纹，或在凹陷处严重裂纹，甚至脱落等。因此，不要在气温低于 5℃、潮湿或高温的情况下批刮腻子。在调配腻子时，配调的胶液应适量，以免造成腻子胶性过小。应充分搅拌，以免腻子稠度不均。在批刮时，基层应处理干净，将灰尘、油污、胶渍和其他污物认真清理，尤其是对凹陷与孔洞里的脏物应仔细挖净。不能为图方便和省事而不给基层面涂刷（或喷涂）一层粘结剂。批刮时应采用宜薄不宜厚的做法，分层多刮遍数。如果为了省事而一刮到位，批刮的腻子太厚太多，甚至里层腻子未干透时，又急着批刮一层，造成外干内不干，就无法避免腻子翻皮、裂纹和脱落了。

调配腻子时，胶液要适量，有时针对凹陷处批刮要厚一点的情况，胶液还应多掺入以增强胶性。搅拌时要有耐心，使腻子调配得很均匀，不宜稀也不宜稠，以使用恰当为宜。尤其对批刮的基层表面要切切实实清理干净，砂纸磨面，清水冲洗，刀刮凿除，该重新磨面的要重新磨面，应使批刮面达到施工工艺和技术要求。只有这样，才能避免腻子翻皮、裂纹和脱落等质量问题。

涂饰中发生面上有孔洞，即砂眼质量弊病，主要在于孔洞里有空气，批刮腻子不细心、打磨时又粗心大意，未及时填补好就大面积地涂饰了。要解决这一类影响涂饰美观的质量弊病，就要在批刮腻子时十分细心，特别注意那些批刮面上的蜂窝麻面的小气孔，通过反复的刮抹，将其填实填好。打磨刮面的时候，更是要细致，对于发现的小孔洞及时补填腻子，保证基层表面平整和实在。底面打磨无孔洞之后，再作表面涂饰，就不会出现砂眼弊病的。如图2-45所示。

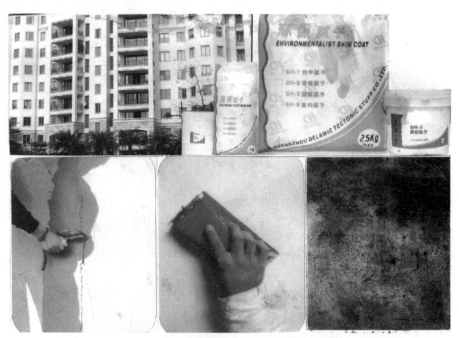

图 2-45　挑刮腻子弊病防治和修整裂纹

如涂饰的表面有凸起和颗粒状，致使饰面不光洁，也是在家庭装饰中经常可见的。发生的主要原因，一方面是基层污物清理得不好，用砂纸打磨时又很马虎，打磨不到位；另一方面是涂刷工具不干净，或是涂料中掺入不清洁物，或是施工现场不清洁，经常有灰尘扬起，还有就是涂料调配较稠，刷涂时基层表面太干燥，喷涂气压过大，将较稠的涂料硬性粘附上去，形成这一弊病。

对于这一类弊病，很重要的是要将涂饰表面打磨平整、光滑，将污物清理干净，涂料调配要适宜，并保持其洁净，滚筒和现场都要洁静，操作要得体，不要用滚筒来回滚动。

如果采用喷涂，涂料调配宜稀一点，气压宜低一点，喷枪距喷涂表面要近一点，使涂料喷涂合适，就不会出现涂饰表面粗糙不平的感觉了。

流挂也是一种常见弊病。在垂直表面上涂饰涂料不恰当，使其产生不均匀的条纹流痕，并有明显的流珠凸现在饰面上。出现这一类弊病主要在于涂料黏度低、密度大、涂刷过厚，或在光滑的表面上蘸得太多，没注意进行修补造成的。要防止产生流挂现象，就要调配好涂料，每次的滚涂层控制在 20μm 左右，且不能在气温过低的情况下作业。如果使用喷涂的做法，喷嘴口的移动与涂饰面保持平行运行，严格控制涂料的黏度，每一层喷涂宜薄不宜厚，施工气温把握在 12℃ 以上。如果发现有流挂现象，应立即铲除和打磨光滑平整，及时补涂好。

至于发现涂饰面不固化和发湿发粘，硬度低或涂饰似干非干问题，是发生了慢干和返粘的毛病。这种现象在家具涂饰中最常见。

产生慢干和返粘主要在于里层未干透就涂饰新层，造成相互影响，使涂层发粘；也可能是因为被涂饰物表面的不洁净，有油脂和胶渍物，或材料不干，含水率过高而产生；还有可能是涂饰层过厚，固化限于表层，内层未干透又产生回潮反应等。为防止产生这一类毛病，对涂饰物表层一定要处理好，保持洁净；材料一定要干透；涂层不宜厚；每次涂饰完必须干透后，才能够接着涂刷下一层；气温太低，天气太冷，就不要急于做涂饰。如果条件允许，可在涂料中适量掺入催干剂，涂料也应调配为适合稠度，太稀太稠都不宜涂饰。只有严格地遵守这些操作要求，慢干和返粘现象就难以发生。

有时，涂饰过的墙面或顶面，用手一摸，就满手都是白粉，用身体蹭一下一身白灰。这种状况，在于漆膜黏性差，与涂饰表面附着力差，或是涂饰后长期不能干结而掉粉。对于这一类毛病，要把握好施工场地的气温和干燥程度，有针对性地调配涂料，大面积施工前可做一做实验，无问题时再进行涂饰。若基层表面太干燥时，涂饰前最好喷一遍清洁水或胶液水，当基层表面太潮湿时，采用的涂料应稠稀适中，涂饰宜薄，宁肯多涂饰几遍。每次涂饰都要保证其粘附效果好。如果发现有掉粉现象，应及时处理，去掉粉层，加喷（涂）含胶液较浓的涂料，以确保不掉粉。如图 2-46 所示。

图 2-46 涂饰表面弊病的防治

六、涂饰工具选配

用于家庭装饰中的涂饰工具主要有用于刮涂的手工工具，用于涂饰的滚筒和排笔刷，以及空气压缩机带喷枪和无空气喷涂装置等机动工具。

常用刮涂的手工工具有牛角刮刀、橡皮刮刀、油灰刀、角刀和腻子板等，其中使用率最高的是油灰刀。

油灰刀又称木柄钢板刮刀、或铲刀。它是用厚度 1mm 左右的弹性薄钢板和木柄组成的。油灰刀有软性和硬性的两种。软性油灰刀比较有弹性，适合于调配腻子和批刮腻子及仿瓷。硬性油灰刀适应于铲刮腻子疤和清理污砂灰土等。油灰刀是按照其刀口宽度来做区分和定规格的。经常用的有 35mm、50mm 和 75mm 的三种规格。

油灰刀使用后，应该将刀板面清理干净，保持两个面不要生锈，可抹上黄油或擦上油，用油布或油纸包好，若刀口变纯，或受损不齐时，应及时打磨修理，以便使用起来顺手方便。油灰刀如图 2-47 所示。

橡皮刮刀、质地柔软，弹性好，无论在曲面、棱角和凹弯处刮涂腻子及仿瓷都很方便。橡皮刮刀是用厚度 3～8mm 尺寸耐油性的橡胶板削磨而成，既适用于刮平，又适应于边角收口，特别是适合于满刮面积较大，需要刮涂较厚腻子或仿瓷的平面。橡皮刮刀两面磨成斜面，刀口却是平直的，用砂纸把刀刃打磨好。一般性的橡皮刮刀是用木板按

图 2-47　油灰刀

橡胶的厚度尺寸锯出一个槽，用快干胶把嵌入槽内的橡皮板胶粘好，再从侧面钉上小钉加固；也有用两块小薄板把橡皮板夹在中间钉胶牢固后，再打磨出刃口的。橡皮刮刀每次使用完毕后，都要求把柄面与橡皮面上的残留腻子或其他粘结物清理干净，以保持其洁净和不变形。尤其是不能把橡皮刮刀插入腻子中存放。橡皮刮刀如图 2-48 所示。

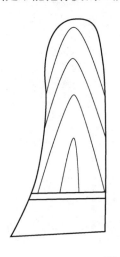

图 2-48　多种规格木柄橡皮刮刀

　　牛角刮刀是刮涂腻子最好的工具。它是用水牛角制成的薄板刮具，上窄下宽，上厚便于手把握，下薄如刀刃好涂刮。牛角刮刀有大、中、小多种规格，按其刃口宽度尺寸70～100mm的为大型，用于大面积表面批刮腻子；40～60mm尺寸的为中型，用于小面积表面的挑刮腻子；40mm以下尺寸的为小型，用于缝隙、填服和小弯处批刮腻子。牛角刮刀以透明、平直和弹性好的为准。其刃口是磨平的。其表面应当经常保持清洁。为防止变型，最好把牛角刮刀插入用木块制作成的夹具内。刃口使用坏了之后，可用磨刀石、玻璃片和砂纸修理平整。牛角刮刀如图2-49所示。

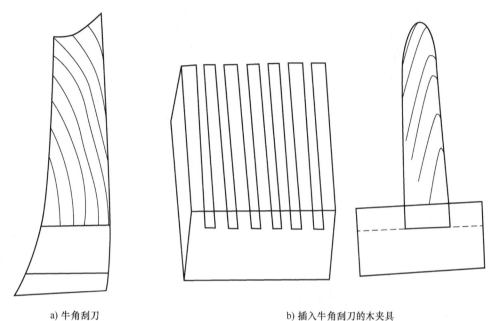

a) 牛角刮刀　　　　　　　　　　　　　　b) 插入牛角刮刀的木夹具

图2-49　牛角刮刀及相配套的木夹具

　　角刀和腻子板，也是用于批刮腻子的手工工具。角刀又称嵌刀，主要是用于批补榫肩和洞眼等处的腻子，也用于修理棱角，还可用于剔除线角处积存的腻子、油污、胶渍和油漆。角刀大多是操作者自己制作的，其形状是中间细、两边宽，一头磨成类似三角形的斜口，一头磨成扁平口，两头都磨出刃来。角刀一般是用45号钢锻打成形，其尺寸为长120mm，厚5mm，宽20mm。经淬火热处理制成。腻子板则用木板做成。其式样如图2-50所示。

　　滚筒用于墙面与顶面涂饰，用塑料或钢板制成的空心圆筒，外表面粘上羊毛或合成纤维绒毛制成。用纯羊毛制成的滚筒耐溶性强，适用于油性树脂涂料；合成纤维毛制的漆筒耐水性好，适合于水性涂料。滚筒两端装有两个垫圈，中心有孔，弯曲的手柄从孔中穿过。滚筒按长度和直径大小分有多种规格，常用的有180mm，230mm长度尺寸的两种，也有120mm长度尺寸的小型滚筒。滚筒的绒毛分有短、中、长三种规格，其吸附的涂料因绒毛长短有所不同。因此，要依实际滚涂要求选择滚筒。每次使用后，应将滚筒清洗干净，悬挂起来晾干，以防止绒毛粘结和受压变形，或者受霉变而不能使用。滚筒使用常需要配套辅助工具，即涂料底盘和辊网。操作时，先将涂料倒入底盘内，用手握位滚筒手柄，把滚筒的一半浸入涂料中，在底盘内滚动几下，使得涂料能均匀地吸入滚筒，并在滚网上滚动均匀后，即可滚涂。滚涂要注意接口搭接，可自上而下，也可自下向上进行，这

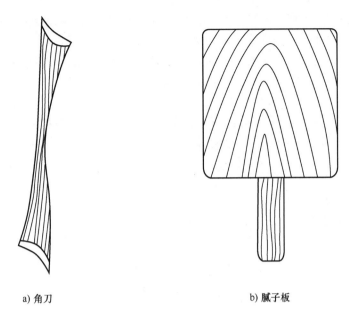

a) 角刀　　　　　　　　　　　　b) 腻子板

图 2-50　角刀及腻子板

要视具体情况把握。不能滚涂太厚，以多遍滚涂为宜。如图 2-51 所示。

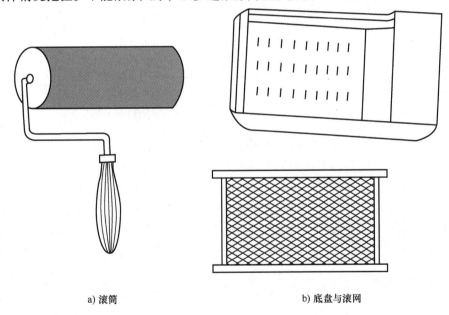

a) 滚筒　　　　　　　　　　　　b) 底盘与滚网

图 2-51　滚筒及底盘与滚网

　　排笔和毛刷是用于涂刷的工具。排笔用羊毛和细竹管制成。每排竹管的数量有所不同，故而形成 4 管 ~ 20 管多种规格。其中 4 管、8 管多用于家具和木制品装修的涂饰；8 管以上的规格则多用于墙面涂料的涂饰。其刷毛比毛刷的鬃毛柔软，适用于黏度较低的涂料，如水性内墙涂料、乳胶漆、硝基漆和聚酯漆等涂饰。

　　一般新排笔先要用清水洗净才好使用。涂刷过后，也要洗净，将其持直保管，以保持羊毛的弹性。使用排笔时，以手拿住排笔的一角，一面用拇指压住排笔，另一方面用四指握住，刷涂时是用手腕带动排笔运行的。为刷涂得均匀，手腕得灵活运转，蘸涂料的时候，提起稍作停留，让涂料集中于笔头部，再进行涂刷，这样的效果会好一些。如图2-52所示。

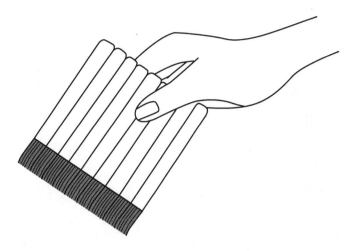

图2-52 排笔和排笔的使用

毛刷在家庭装饰中的用途比过去少了许多，尤其在家具涂饰方面几乎不用毛刷，大多用喷涂和排笔所取代。不过，在涂刷门窗、墙面和顶面上，或是涂刷铁艺和水泥面等，还是普遍地使用毛刷的。

毛刷大多是用猪鬃，也有用合成毛等与铁皮、木柄制成，是一种手工涂刷工具。其刷毛因为粗糙些，从弹性与强度上比排笔要好，故大多用于涂刷黏度较大的涂料。毛刷的尺寸有20~150mm宽度多种规格的。使用毛刷要针对涂料性能来选择，也有根据涂刷部位来选择的。同时，要选择毛口直齐、根硬、头软和有光泽、手感好的，将毛刷的尖端按在手上能展开，逆光看，无逆毛，扎结牢固，敲打不掉毛。使用完毕后，应将刷毛中的剩余涂料清洗干净，再将刷毛浸在清水中，但不要让刷毛弯曲，以免变形。使用时，必须将刷毛中的水甩净擦干。若长期不用，应洗净晾干后，用油纸包好，存放在干燥处。

使用毛刷一般采用直握方法，手指不要过铁皮。手要握紧，操作时手腕运行。如需大面积涂刷，可将手臂和身体移动配合行动。既可侧刷，又可面刷，由自己手感把握涂刷最好。如图2-53所示。

现在家庭装饰中装修的木质面和木制品（家具）的涂饰，多是采用喷涂。喷涂主要有由空气压缩机连着喷枪或喷罐带着气压喷涂。这在施工现场使用得多。在专业加工家具场地涂饰表面，也是由空气压缩机连着喷枪喷涂的多，还有由无空气装置在高压或低压下进行无空气喷涂的，又有用静电喷涂和电动喷涂的等。

喷涂最适宜于宽表面的木制品（家具），对于大面积墙面和顶面，有时也实施喷涂，但不如涂漆节约涂料。喷涂前的表面必须经过多次细致打磨，先喷底面，底面喷涂层宜稀薄，有利于表面渗透。喷涂的时候，喷枪或喷嘴应垂直于喷涂面，以边、角部位开始接着是大面积喷涂，以横喷与纵喷交替进行，以表面喷涂均匀为好。喷涂的适应范围比较广泛，只要是溶剂都可用于喷涂。喷涂料宜稀，喷涂层宜薄。用于喷涂的涂料，用溶剂稀释调配好后，必须除去涂料中的颗粒或杂质，才好使用。喷涂装置如图2-54所示。

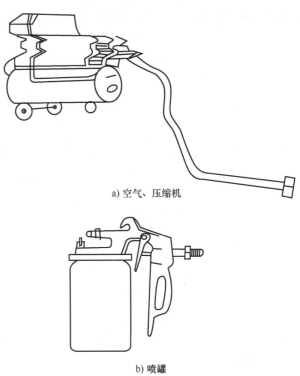

a) 空气、压缩机

b) 喷罐

图 2-53　使用毛刷方法　　　　　　　图 2-54　喷涂装置

2.4　特色胶粘窍门

　　特色胶粘在家庭装饰中的作用，会日益加重。

　　从胶粘剂生产发展的经验中可知，其优势就在于能把家庭装饰中诸多不便解决的难堪和尴尬轻易地化解，增强家庭装饰的质量效果，提升家庭装饰的品位。因此说，学习和掌握好特色胶粘技巧，对于现在从事家庭装饰工作人员，显得非常重要。胶粘材料如图 2-55 所示。

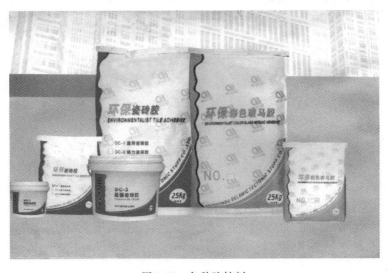

图 2-55　各种胶粘剂

一、壁饰材胶粘

壁饰材主要是指装饰墙面的壁纸和壁布等。壁饰材在家庭装饰中，可以增强装饰的效果。壁饰材色彩丰富，图案多样，富有良好的质感和立体感。优质壁饰材有着吸毒、隔热和无污染及使用维护方便、清洁容易等优点，因而得到广泛的应用。壁饰材在胶粘上，由于每个品种材质的不同，从而在选择胶粘剂时存在差别，一定要注意不出差错。

壁饰材主要有由纸质材料，塑料基材和其他的织物基材(如天然材有草、麻、木材等)制成，大都为多孔物质，便于进行胶粘。而壁饰材的胶粘剂，因为其类型、适用性能上的不相同，在选择上是有区别的。如其成分组织有粉状类型、糊状类型和液体类型，就形成在使用施工上也不相同和适应对象的不相同。这样，就不仅要根据壁饰材质去选择胶粘剂，而且也要针对胶粘剂的适应性去选用壁饰材。同时，还要注意到墙壁的表面大都是已粉刷了白灰面，或者是混凝土、三合土(即泥土、石灰渣、纸筋等组成)和木质墙面，这些对象适合的胶粘剂是有差别的。此外，粘剂施工都为较大面积的装饰施工，其接头均是平面铺贴，不能进行搭接，所要被粘贴的壁饰材是很薄的纸质与塑质材以及布质材等，在被粘贴后除了其本身质量外，是不受其他外力作用的。所以，这些方面的特性，在选择胶粘剂时必须做综合考虑，把装饰施工方便和能较长时间保持稳定的粘贴状态作为首要条件，其次是价格因素，再次是粘贴性能，以此来确保装饰质量和效果。只有比较全面地考虑采用什么材质的壁饰材，有针对性地选择胶粘剂，才能做好壁饰材的施工，保证质量和效果。

以聚乙烯醇材质加工制作成的壁纸和壁布，具有热塑性。由于制造时皂化程度不同，产生的物理性能便有了差异，有的可溶于水，有的则仅能微溶。作粘合剂用的聚乙烯醇，就要选择可溶于水的胶种。而水溶性胶就有聚乙烯醇、聚乙烯醇缩甲醛，水溶性脲醛树脂，可溶性淀粉和变性可溶性淀粉胶等。

布质材性的壁布，比较壁纸要难粘贴一些，其选择的胶粘剂大多是乳液类胶，如聚醋酸乙烯乳液、共聚物乳液和橡胶乳液及环氧乳液，还有丙酸脂乳液，其粘贴效果更具有弹性，有更低的成膜温度以及更好的耐水耐潮性能等。壁饰材胶粘效果如图2-56所示。

胶粘壁饰材除了在选用胶粘剂方面有讲究之外，在施工操作上也有许多方面的窍门的。首先，粘贴的墙面必须要整理平实，有一定的强度，不松散，无掉粉脱落，不潮湿发霉，比较干燥，含水率在5%~8%及以下。整个墙面要经过打磨，对凹凸不平处或裂缝应进行有效的修补。对于有较高质量要求的装饰，墙面还要做清油涂饰底层，以保证墙面与壁饰材的粘贴质量和效果。

粘贴施工作业，先要按照设计的工艺和技术标准，画好水平线和垂直线，作为粘贴的依据，尤其是粘贴有图案与拼花的壁饰材时更要做好。接着根据墙面所需的各种尺寸和形状对壁饰材进行合理及正确的剪裁。剪裁好后，同时给壁饰材的粘贴面和墙面刷上胶，胶层要求薄而均匀，每个部位，尤其是拐角处的每个面，墙角上每一处，都要刷上胶，而壁饰材的粘贴面更不能忽视，要均匀全面地刷上一层薄薄的胶液作为备用。待墙面刷完后，一切准备工作做好，就可以进行粘贴了。

壁饰材的粘贴，一般是按垂直墙面先上后下，水平方面先高后低，先细部后大面的顺序进行，并且按照装饰视觉的方便程度，从主要墙面向另外一个墙面逐步地粘贴。在同一个墙面，最好选择从重要部位向次要部位推进，一边粘贴，一边给粘贴的壁饰材施以压

图 2-56　壁饰材粘贴客厅效果

力，赶出残存的气泡，压实压平难于粘贴的部位。对大面则采用刮板压平压实的做法，确保粘贴质量。粘贴完毕后，要进行质量检查，看图案与拼花是否有错，对欠缺之处应趁粘贴胶还未固化时给予及时补救。壁饰材粘贴操作如图 2-57 所示。

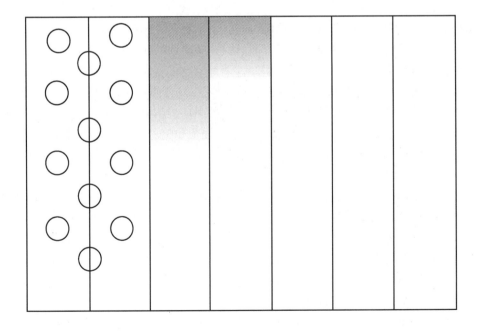

图 2-57　壁饰材粘贴操作

二、软质材胶粘

软质材主要是指软性的塑料地板、橡胶地面装饰板、地毯和装饰纸等家庭装饰材料，其胶粘特性不同于木、竹和其他材料，做好这一类材料的粘贴，对确保家庭装饰质量是很重要的。

塑料地板清洁、美观，具有保暖性、耐磨性和弹性，显现出特有的装饰效果，因而被广泛采用。同时，塑料地板有高、中、低多个档次的产品，可以满足业主的不同要求。

适用于塑料地板粘贴的胶种比较多，如醋酸乙烯系列、乙烯共聚物系列、合成胶乳系列和环氧树脂系列等。这些胶种中又分别有乳液型和溶剂型，但溶剂型的更适用，比乳液型的粘贴力更强，还能软化和溶胀或溶解被粘塑料地板的表面，因而更能牢固地粘贴在地面上，并有较强的耐水性。

粘贴塑料地板一定要按设计要求，做好各项准备工作。将塑料地板选择好后，应当把粘贴的那一面清洗干净，晾干，对粘贴的基层地面要找平，修理平整，保持地面的清洁卫生、干燥和坚实，使地面的不平整度在 $4m^2$ 内不应超过 2mm。如若超过 4mm，就不能做粘贴塑料地板平面了。基层地面的含水率不得超过 8%。若要做到粘贴质量好，就要以中心线为基准向外按照板块尺寸画出水平线，或用粉线弹出尺寸来。接着给粘贴面刮胶，胶要刮得厚薄均匀，不可缺胶。胶层一般控制在 1mm 左右，刮胶应先横刮而后再竖刮，采用专用工具施工为好（如图 2-58 所示）。刮胶后，应当即刮即铺贴，特别是在气温高的粘贴施工中，更是要这样。

图 2-58　刮胶使用专业工具施工

铺贴应当按照顺直缝格，不可有错位或有错缝发生，块与块之间必须平整，四角平对，随铺随用棍子压实压平。多余的胶汁应当擦去，清理干净表面。发现缺胶或缺陷时，应随即进行弥补和修复。

若出现错缝、不平整和错位等，可以采用相应方法给予处理。由于塑料地板块与块尺寸的误差，容易出现错缝，那么，在铺贴前必须做好选择，使每块板尺寸相同地选择在一处备用。贴铺时注意均匀进行，严格地按画线粘贴或提前留出定位块，把累积误差清灭掉，就不会出现明显的错缝了。

对表面不平整的防止办法在于对地面基层检查必须认真仔细，对不合质量要求的基平面，要清理干净，找平补齐，而且控制平整度在标准尺寸以内。对每一块粘贴的塑料地板压平压实，注意角平衡，缝对缝，边平整，就一定能够确保粘贴质量不出现问题。塑料地板粘贴效果如图 2-59 所示。

图 2-59　塑料地板粘贴装饰效果

软质材除了塑料地板和塑料卷材外，还有色彩好、图案新、价格低的橡胶地面砖。它具有耐磨性、回弹性、保温性、防水性和耐烤性好的特点，很受广大业主的喜爱。

粘贴橡胶地板砖，只要是适合于粘贴塑料地板的各种溶剂型与水基型的橡胶类胶粘剂，都可应用。只要严格按照粘贴工艺和技术要求施工，一定能够达到质量标准。

粘贴的时候，对地面的平整度要求与铺贴塑料地板地面相一致，要求平实、洁净和无缺陷。由于橡胶地面饰板的板块较之塑料地板厚，弹性也要好，故粘贴时接缝的平直和间隙更不好把握，需要特别加以注意，把握好做法，既不要造成错位错缝，又不要发生翘角裂边，保证粘贴质量。如图 2-60 所示。

粘贴地毯和装饰纸涂塑地面板时，对基层地面的要求和施工方法大同小异，但也有一些不同之处。

平常，人们多以为地毯的铺设是不需要粘贴的。其实不然，铺设地毯应针对不同情况，不仅要粘贴，而且其中窍门还不少。现在市场上经销的地毯种类很多，从材质上分有羊毛、混纺、橡胶绒和化学纤维，以及塑料、苎麻等；从制作上分有手工、机械和无纺编织的等。因而，对于不同材质和不同制造方法生产的地毯，铺设的方法也是不尽相同的。

铺设粘贴地毯时，很重要的是要将基层地面处理好，做到平整、平实、洁净和干燥。根据使用要求，可采用点部粘贴、局部粘贴和全部粘贴相结合的方式，既能保证铺设质量，不妨碍使用效果，又能降低施工成本，加速铺设进度。对于人要经常行动的走道、入

图 2-60 橡胶地板砖粘贴装饰效果

门口和活动房内，应采用全部粘贴即满铺的做法，对书房、客房和客厅及主卧房部位，由于很大部分面积被家具占据，给人活动的空间不是太多，就可以实施点部粘贴和局部粘贴的做法，一定不会影响到使用的。对有特殊要求的重级型地毯的铺设粘贴，为达到良好的使用效果，不仅要实行满铺粘贴，还要在地面与地毯之间再加铺贴一层薄毯片，以延长地毯的使用寿命。

铺设粘贴地毯时，要针对材质和粘贴做法的不同选用合适的胶粘剂。其目的不仅是要达到粘贴的牢固性、耐久性、耐潮性和助弹性的要求，而且要以降低成本，减少不必要的浪费为考量。如化纤类地毯，是以丙烯酸酯类的胶粘剂最合适；混纺类地毯则多用醋酸乙烯酯和合成胶及乙烯共聚物胶种等；橡胶绒类、塑料类地毯，要尽量选择与地毯材质相同或相近的胶粘剂。铺设粘贴地毯装饰效果如图 2-61 所示。

装饰纸涂塑地面板，是由塑料地面演变成的地面装饰工艺。它是将装饰纸粘贴于地面上，然后再在装饰纸上罩上耐腐蚀的涂料做成的。这是一种比较经济、新颖、美观和实用的装饰方法。

装饰纸涂塑地面板工艺能否达到其最佳的装饰和使用效果，关键是要将基层地面做平整与平实，犹如桌面一般。然后铺设粘贴装饰纸。如选用木纹理装饰纸，要先将其在水中浸泡 2 分钟左右，要浸透浸湿，将水珠晾干或清扫干净，注意不要把装饰纸弄脏和弄破。粘贴以选用水基胶较为合适，将胶汁均匀地涂刷在地面上，拼好图案与花纹，粘贴好后要

图 2-61 铺设粘贴地毯装饰效果

进行压实，一步一步地赶出气泡，清理多余的胶汁，并用干净的湿布将饰面擦拭洁净。待粘贴固化后，再涂饰保护层。这样，整个粘贴工作就完成了。其粘贴铺设装饰纸操作方式如图2-62所示。

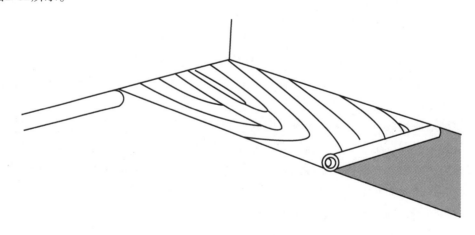

图 2-62 铺设粘贴装饰纸操作方式

三、木、竹材胶粘

一般地说，大多数胶粘剂都能用于木质材的粘贴，但从适应特征、经济实惠和应用广泛及确保质量来说，白乳胶、水基胶、脲醛树脂胶和水溶性酚醛树脂胶等，是常用的胶粘剂。掌握好它们的使用性质，就能取得好的粘贴效果。

白乳胶因其无毒、不燃和操作安全的特性应用于木质材的粘贴很是方便。它既不污染材质，固化得较快，又不影响到加工，胶层很有韧性。使用应当按生产使用说明书进行粘贴（接）工艺操作，只要木质材含水率不超过 12%，就能确保粘接质量。如果木质材含水率过高，就会有影响了。

假若遇到气温太低，白乳胶结冰，这时是不能用热水来化冰的，而应当放在较高温度的环境下，化去冰后再使用。但对于具有防冻性能的白乳胶则不必进行解冻。只是在涂胶粘贴后，应均匀地在粘贴背面施加一定的压力，常温下加压时间不少于 1 小时，温度越低，其加压的时间应该越长。一般情况下白乳胶的固化时间，夏天为 8 小时左右，冬天为24 小时左右。

使用白乳胶时，常可遇到一些特殊情况，需要采用一些窍门加以解决。如胶黏性过小、胶薄时，可加入适量的淀粉、改性淀粉和羧甲基纤维素等来增强黏度，如遇到大面积粘贴施工，感觉挥发太快而影响到粘贴质量时，可以加入适量的溶剂醋酸丁酯、二甲苯等加以调节；为提高耐温性，减少收缩率，则可加入少许细粒子填料加以解决；为防冻，又可加入少量的乙醇，就完全能改善其性能了。

施工时，常用脲醛树脂胶粘剂粘接木质材。由于脲醛树脂胶粘剂属于水基胶种类，其黏度小，对木质材有着良好的湿润性，并有较大的扩散和渗透能力，可促使其与被粘贴木质材之间达到良好的结合，产生良好的粘接（贴）效果。同时，脲醛树脂胶粘剂基本为中性，这也是有利于木质材粘接的。胶为水基性胶，在木质材含水率不超过 12% 的条件下，不会影响到其粘接的强度。只要按照使用说明书认真地操作，就能够达到良好的粘接效果。有时候为提高其使用性能要按使用说明书加入一定量的助剂。在使用前加入，搅拌均匀就可以了。假若胶粘剂黏度太高，则可采用加入适量稀释剂以改善涂胶条件，保证粘接质量的可靠性。如图 2-63 所示。

竹质材在选用胶粘剂方面与木质材基本相同，可选用水基胶粘剂、白乳胶、脲醛树脂胶和水溶性酚醛树脂胶等。不过，在操作使用这些胶粘剂的过程中，由于竹质材与木质材在某些性能上的差别，还是要有些讲究的。如常用的酚醛树脂胶，因为加入了溶剂，固化剂及填料等多种原因，其用于竹质材的粘接就很少，或者说几乎不用。而木质材的粘接却是普遍地应用。

聚氨酯类的胶粘剂也常用于木质材的粘接，而不大用于竹质材的粘接。白乳胶用于竹质材粘接的也较少，其原因在于竹质材较之一般的木质材要细腻和光滑，但吸水性能远不如一般的木质材。所以，竹质材的胶粘剂选用水基胶粘剂、脲醛树脂胶和水溶性酚醛树脂胶等会更合适一些。其胶粘效果如图 2-64 所示。

选用合适的胶粘剂粘接竹质和木质材，是施工前要做好的准备工作。选择胶粘剂，要有针对性地根据各材质的性能和使用条件及施工场地来选择。现场使用水基类胶粘剂或冷固化类胶粘剂会更好一些。接着便要对被粘接材料的表面进行处理，清理杂物，使之洁净，无毛刺，做到平整。整个平面的中间略为虚一点，不能高于四周边。涂胶要均匀，粘

图 2-63　铺设粘贴木质材装饰效果

图 2-64　铺设粘贴竹质材装饰效果

接(贴)操作用力要平衡。涂胶应是在两个被粘物表面同时进行。粘合时，要将两个粘合物按照工艺和技术要求粘贴紧，尽量挤出气泡，待固化到一定程度还应当施加点压力。在正常温度下也要保持足够的固化时间。面对不正常气候，则应延长固化时间和施压时间。同时，要把粘接(贴)挤出的多余的胶粘液擦拭干净，并认真仔细地检查粘接(贴)质量是否达到了要求。如图 2-65 所示。

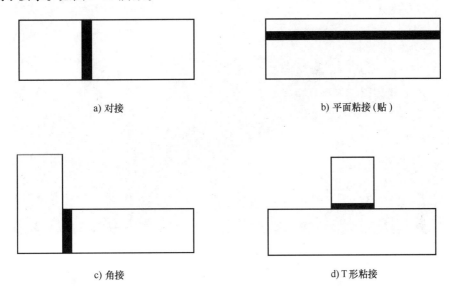

a) 对接　　　　　　　　　　　　　b) 平面粘接(贴)

c) 角接　　　　　　　　　　　　　d) T 形粘接

图 2-65　木、竹质材四种胶接的基本方式

四、石料材胶粘

石料材在家庭装饰中应用越来越广泛。为了克服水泥砂浆铺设石料耐用性差，易脱落和施工劳动强度大的缺陷，以及影响到环境卫生等不足，利用胶粘剂的优势取代旧施工工艺，发展新工艺，这对家庭装饰而言显然是一件大好事。

适应石料材的胶粘剂的品种较多，如醋酸乙烯、环氧乳液和各种橡胶乳液，以及一些溶剂性与热固性胶粘剂，还有普遍用于建筑防水密封的筒式单组分丁基橡胶类和环氧树脂类等，都适合于石料材的粘贴，故其选用余地较大，给家庭装饰带来了极大的方便。

用聚乙烯醇改性脲醛树脂胶粘接(贴)石料材。这种胶粘剂是在一般脲醛树脂胶合成时，加入聚乙烯醇及交联剂，因而改善了脲醛树脂的胶性能。在进行石料材的粘接(贴)时，将胶液与白水泥、或石膏等固体填料进行混合，搅拌均匀，其比例为胶液: 白水泥: 石膏是 3:1:1，涂胶粘接(贴)石料材 30 分钟后便可以凝固，24 小时后便完全固化，其粘接(贴)力为普通水泥的 5 倍以上。可见，其粘接(贴)效力是很好的。

其实，可用于石料材胶粘的胶种还有不少，它们各有特色。如具有热固性能的树脂胶应用于石料材的胶粘，不仅具有良好的耐水性能，粘接(贴)力好，而且价格低廉，操作简便。使用时，只要将胶液按 1:1 的比例与水泥混合，搅拌均匀，便可用于石料材的粘接(贴)。粘接(贴)大都采用刮涂做法，将胶粘剂薄薄地刮涂在被粘接(贴)的石料材的面层上，胶层厚约为 1mm，然后将粘接(贴)的石料材压实平整，放置 24 小时后便可以投入使用。施胶量一般把握在每平方米为 0.8kg。

乳液型石材胶粘剂。这种胶粘剂的粘接性能很好。既耐高温，又耐低温，且便于操作，只要在胶液中加入填料，即白水泥等，便可用于粘接（贴）石料材，其粘接（贴）质量要求可人为控制，并确保工程质量。此外，这种胶粘剂的配制也不难，除了胶种本身外，还可用其他乳液胶进行配制，如橡胶胶乳液、EVA 乳液等，只要加入增粘剂和填料，即所需配备用的粉质类，即可用于粘接石料材的施工。如图 2-66 所示。

图 2-66　胶粘厨房石板材平台

以水玻璃、助剂和填料组成的 SF—1 型装饰石材胶粘剂和粉末状石材胶粘剂，都可以在家庭装饰中调配使用，其粘接（贴）的效果好，配制非常方便，可以确保质量。如水玻璃配制石料材胶粘剂，其粘接性能的压缩强度大于 15MPa，剪切强度大于 2MPa，粘接强度大于 1.5MPa，浸入水中后的粘接强度大于 1.0MPa。其施工工艺与一般粘接工艺大致相同，不同的是施工温度不得低于 15℃或是高于 35℃，常温下粘接（贴）需要 14 天后才能使用。

这类胶粘剂加入固化剂与填料，在调配后使用可以缩短固化时间。这样一来，家庭装饰中的墙面、地面台面、柱面和桌面的大理石、花岗石、水磨石和水晶石及各种面砖的粘接（贴）中，可按工程进度选用或配制胶粘剂，非常方便。

应用粉末状石料材胶粘剂，因为这是一种以高分子材料与水泥为基材的改性粉末状产品，常被用于石料材的粘接（贴）装饰。因为其呈灰色或白色，不会妨碍整个装饰风格。尤其是其耐水性好，无毒、无污染和粘接（贴）力好的特征，使其更适用于家庭装饰。施工粘接（贴）时，要求被粘接（贴）物表面应平整、坚实，无污物、油层、胶渍和尘土。调配这种胶粘剂是在 1kg 清水中加入 2.5kg 胶粉，放置 10 分钟后，用力搅均匀成胶状便可以使用。使用的时候，将胶液抹在石料材粘接（贴）的表面上，粘接（贴）后静置 30 分钟，再在 24 小时后补充遗漏处。其粘接（贴）用量为每平方米 2.0～2.5kg。调配好的胶液可使用 4 小时。施工时的气温应在 0℃以上，也就是说，0℃以下气温不可以用这种胶粘剂粘接（贴）石料材。并且，每次调配的胶粘液不能太多，以免造成浪费。石料材胶粘操作方式如图 2-67 所示。

五、玻璃材胶粘

玻璃材在家庭装饰中是体现现代装饰风格的一个重要手段。但玻璃材因其固有的特

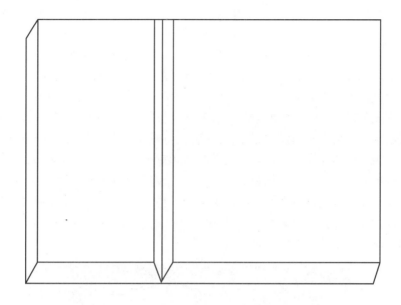

图 2-67　石料材胶接操作方式

性，往往也给装饰造成这样或那样的不便。

传统方式应用玻璃材装饰，大多采用框架式。很早是以木框为主，现在即使有了现代装饰材铝合金、塑钢和金属，也仍然没有摆脱框架式玻璃装饰。这样的装饰形式，与那种透明透亮、洒脱式现代装饰风格，有着一定的距离。于是，在装饰行业，尤其是家庭装饰中，很企盼有一种不受框架束缚的直接性玻璃材装饰手段。应用胶粘剂粘接（贴）装饰做法便成为首选。如今，其应用的条件已经是成熟的，完全可以达到装饰质量标准的要求。

随着玻璃材的发展，胶粘方法可以采用更适应的胶种进行胶接（贴），如透明环氧树脂胶，透明不饱和树脂胶粘剂，透明不饱和聚酯胶、瞬干胶和透明无色聚氨酯胶等。这些玻璃材用胶粘剂，除了有较好的粘接（贴）强度外，还具有透明与无色的特点，同时，其弹性模量与玻璃材相似，可以确保粘接（贴）的耐久性。

使用胶粘剂粘接（贴）玻璃材时，必须将粘接（贴）的玻璃清洗干净，把不需要粘接（贴）的地方保护起来，涂上聚乙烯醇水溶液或用纸或胶带纸包好。涂胶在被粘接（贴）部位上，粘接（贴）好后在室温下进行固化便可以了。如图 2-68 所示。

图 2-68　各种玻璃材的粘贴

　　用于装饰的玻璃，已由过去的平板玻璃，又称白片或净片玻璃，发展到钢化玻璃、压花玻璃和夹层、夹绿及中空玻璃等。夹层、夹绿与中空玻璃属于安全玻璃类。在家庭装饰中，选用聚乙烯醇缩丁醛胶进行粘接（贴）很适合。因为这种胶粘剂无色透明，有一定的弹性，与安全玻璃有着良好的粘接（贴）力，耐性强，可适应温度为 - 40 ~ 55℃；有的安全玻璃适应的温度范围更为宽广，可在 - 50℃到180℃这样广的范围使用都不出问题。

　　在使用有机玻璃时，不仅要考虑其透明度、色彩等特征，而且在选择胶粘剂时，应当选择用二氯乙烷溶剂浸泡有一定量的有机玻璃进行粘接，会使粘接（贴）更加简单牢固。此外，也可选用丙烯酸酯类、环氧类、聚氨酯类和瞬干胶类进行粘接（贴）。

　　若是用有机玻璃与另一种装饰材料粘接（贴），则要依据其使用性能要求选择适宜的胶粘剂了。因为有机玻璃是热塑性材料，能溶于某些溶剂。于是，在选择使用溶剂型胶种时，有必要进行先行性实验以防止出现意想不到的问题，确保粘接（贴）的安全性和质量要求。装饰玻璃的胶粘效果如图 2-69 所示。

图 2-69　装饰玻璃的胶粘效果

　　对于用钢化玻璃，又称强化玻璃进行装饰时，在用于隔断或屏用与工艺玻璃门时，尽管其具有良好的耐冲击性，抗弯曲度大，热稳定性好等安全性特征，但当其长度和宽度尺寸超过 1.2m 时，一定要多种稳固方法并用，就是说：在选用胶粘固定的同时，要配以钢夹或槽嵌的辅助做法；在用槽嵌做法的时候，则要配以胶粘或钢夹予以辅助牢固。这样做，既不妨碍装饰效果，又确保安全上万无一失。钢化玻璃采用多种稳固装饰做法如图 2-70 所示。

六、PVC 材胶粘

PVC 材是塑料装饰材料的一种。PVC 材是聚氯乙烯材料的简称，是以聚乙烯树脂为主要原料，加入适量的抗老化剂等，经过混炼、压延、真空吸塑等加工工艺而制成的材料。

这种用于家庭装饰中的新型材料，具有质轻、隔热、保温、防潮、阻燃和施工简便等特征。同时，由于在色彩、图案和规格上变化多样，更受人欢迎，得到更加广泛的应用。为使其在施工方面简单可靠，应当采用相适应的胶粘剂给予粘接(贴)。

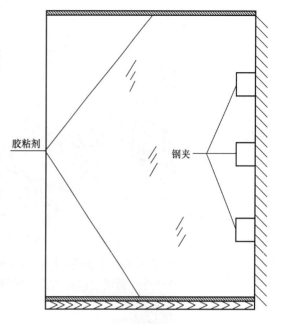

图 2-70　钢化玻璃采用多种做法予以稳固

PVC 材是一种表面性能高，吸附性好的材料。一般溶剂型胶种均可用于其粘接(贴)，且具有相当的粘接(贴)强度。如溶剂型氯丁胶粘剂、溶剂型天然胶粘剂和丁基胶、聚异丁烯胶粘剂等。但最常用的是性能更适应的过氯和聚氯乙烯树脂为主要组分制成的溶剂型胶粘剂。

使用聚氯乙烯或过氯乙烯树脂为基料的胶粘剂，其主要优点是充分地利用了相近者能相粘(贴)的原理，并选用相适合的丙酮、丁酮和环己酮等溶剂将树脂给予溶解。在溶解中，为调节各种溶剂的溶解能力和挥发的速度，可以采用将几种溶剂混合使用的方法，以弥补各种溶剂的缺陷。同时，根据各粘接(贴)工艺和技术要求，有针对性地加入相配合的填料、助剂、香料和颜料等。先将 PVC 树脂溶于溶剂后，再加入其他成分混合一起，搅拌均匀即可使用。

如采用过氯乙烯树脂，邻苯二甲酸二丁酯与混合溶剂，其配制时配比为 100(份)∶15(份)∶300(份)，然后，根据实际需要加入适量的填料。配制成的胶粘剂的稠度要视粘接(贴)的需要确定。如图 2-71 所示。

对于硬质 PVC 材的粘接(贴)，更是有着多种胶粘剂可供选用。其中有一种是以改性 PVC 为主要成分调配成的 816 型硬质 PVC 胶粘剂，具有粘接(贴)强度高，耐介质和干固速度快等优点，其耐冷热循环性能也很好；另一种是以过氯乙烯树脂、醇酸树脂和干性油为主要组成，添加增塑剂、稳定剂和有机溶剂而调配制成的 901 型 PVC 胶粘剂，其粘接(贴)剪切强度大，耐酸、碱和水的能力均佳，耐压性比木材还要好。因而选用这些胶粘剂，能确保装饰质量。

施工时，首先是要选择好所用胶粘剂，不要有质量问题，再就是给需要粘接(贴)的部位进行表面处理，应达到粘接(贴)工艺和技术要求。如果是粘接管道的套接，那么，应当用砂纸(布)将大口径管头与管外打磨出 3mm 的 15° 外倒角来，以便粘接顺利进行。

图 2-71　各种 PVC 材的胶粘

　　涂胶是用刷子将需要粘接的部位双面均匀地涂上胶液，并给予足够的涂量，同时把握粘接的尺寸，不要过大，也不要过小，粘接板材要对接好，不能发生差错，施加一定的压力；粘接管材对口时要用力均衡，插入后要做相对 90°的旋转，以使胶液达到均匀和饱和状态。应及时清除多余的胶液。至于需要多长时间固化才可投入使用，一般是按胶种说明书上提出的不同要求实行。对有必要进行打压测试的则遵照执行。同时，对于有些溶剂胶种，从安全操作起见，要注意采用安全保护措施，如戴手套、戴口罩和眼镜等，以防止有害物危害人体健康。PVC 大小套管粘接如图 2-72 所示。

七、金属材胶粘

　　金属材胶粘在家庭装饰中，不仅用于防盗门、护窗、门造型、楼梯踏板镶片和护栏杆等，而且用于墙面造型和家具，以及暖气罩、各种立面造型等。金属材具备特有的装饰效果，其多样性和艺术性以及坚固性与耐久性，是其他材无法替代的。

　　适合于金属材胶粘的胶种有以聚氨基甲酸酯等高分子材料为主要成分，配调着其他助剂而组成的单组分、无溶剂型胶种，它对金属材的粘接（贴）强度好，可在室温下较快固化，一般状况下 6 小时后便可以投入使用，并且在固化后有着耐水性、耐介质、耐压、耐

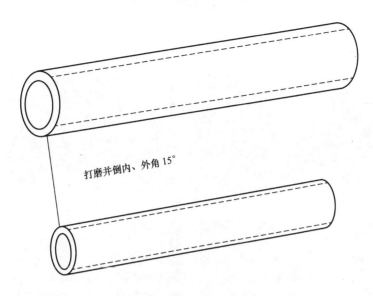

打磨并倒内、外角 15°

图 2-72　PVC 大小套管粘接

抗能力好的特点。使用这些胶种粘接无缝钢管后进行试压测试，其抗压能力达到了 8MPa。如果将这类胶种中掺入无机填料、膨胀剂调配均匀后使用，还可使得胶层在固化中不收缩，又有着微膨胀功能，其耐震能力也比较理想。

用这类胶种进行粘接施工，必须现配现用。按照实际用量将聚氨基甲酸酯 425 标号水泥、过筛的细沙、复合膨胀剂和水，按照 1∶2∶2∶1.2∶0.5 的比例，调配在一起后，进行均匀性搅拌，即成为粘接的复合胶液，便可以使用。在粘接 6 小时左右，就基本上固化，使粘接的部位能够达到使用质量要求。

如聚硫橡胶增加韧性好的环氧树脂胶，用其粘胶金属材，抗剪强度可以达到 20MPa以上。还有聚氨酯胶与丙烯脂胶都是可以应用于金属材的粘接（贴）的。

用这些类胶种进行粘接（贴）时，要注意对被粘接（贴）部位实施表面清理，用砂布或其他方式，除去尘土、油污、锈迹和其他污秽物，并打毛成为粗糙状态，接着用丙酮将被粘接（贴）部位清洗干净。在涂胶过程中，将环氧树脂胶和其他助剂、填料按照比例混合均匀后，再根据气温状况及混合胶粘剂的黏度，考虑适当地添加填料或稀释剂调配好，便可以涂胶。涂胶均匀后，就能进行粘接（贴）。如果有必要，可补贴一层玻璃布，以防止胶液流淌，增加粘接（贴）处的抗压能力。静置固化 24 小时后，便可以使用。有必要时还可进行试验检测，其结果符合使用要求，再放心大胆地使用更好。各种金属管材的粘接如图 2-73 所示。

当金属管材出现了质量问题，如煤气管、天然气管道发生泄漏，不能够进行焊接或铝封修复，又需要急用的时候，就可以发挥环氧树脂胶、聚氨酯胶等胶粘剂的优势，进行有效的粘接（贴），完全能够在很安全的状况下解决因为砂眼造成的渗漏现象。若是对于在高压下出现的裂缝，往往也能够用胶粘方法解决问题。在修理时，先将管内的压力卸掉，粘接和修补应当在无压力下进行。将出现裂缝需要粘胶的部位清理干净，用清洁剂清洗一遍，达到要求后再进行粘接与修补。其修复后的效果比较其他方法更好，且施工简单易行，省工省时又省钱，还不造成污染等副作用。金属管道裂缝的胶粘修复如图 2-74 所示。

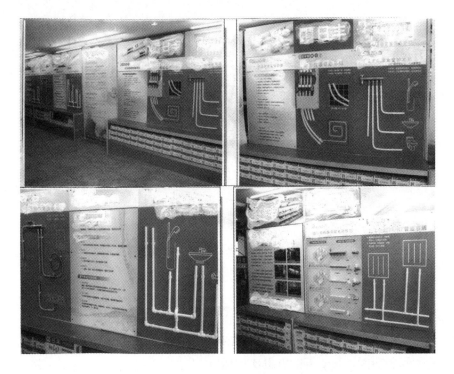

图 2-73　各种金属管材的胶粘连接

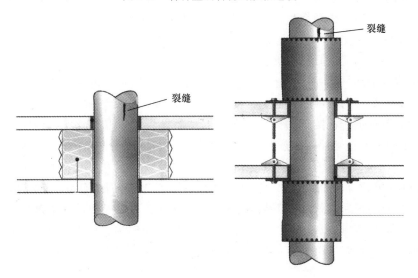

图 2-74　金属管道裂缝的胶粘修复

八、缝隙堵漏胶粘

对于缝隙的处理，在家庭装饰中是个需要攻克的难题。有不少的装饰因为墙面、顶面和地面的一些大大小小的缝隙不能有效地解决，从而造成业主认为装饰质量不达标；装饰专业人员也往往因为解决不了缝隙问题而感到束手无策。充分地应用胶粘剂材料和胶粘技术的优势，会使得缝隙问题得到比较好而有效的解决。

混凝土墙面、顶面和地面的裂缝，多是由于沉降、震动或气候变化引起的，有些裂缝则是因施工不良所造成。对于这些状况，必须要认真细致的检查，特别是有些部位，如门、窗、线脚与阴阳角周围的细小裂缝，因为是家庭装饰或其他原因造成的震动，所以裂缝可能会进一步地扩大，因而，在装饰施工过程中，不论裂缝的大小与深浅，都是需要修补的，以防止给装饰质量造成不应有的损害，带来不必要的麻烦。

以往修补裂缝，大多采用补面或是粘贴布面、钛录网、尼龙网等做法，但其效果不甚理想，只是对定型性小裂缝有抑制作用，对不稳定的裂缝毫无用处。显然，这是一种治"表"不治"标"的做法。因而，缝隙堵漏应从治"标"入手，即根据裂缝各不相同的实际状况，以原始裂缝为主要依据，有的放矢地进行治理。

针对细小裂缝，应沿着裂缝用薄铁片清除疏松的颗粒，刷去尘土。接着用油灰刀通过裂缝抹腻子、灰泥或油灰，并尽量地将填充腻子嵌入足够的深度和饱满度，待腻子干固后又补充一定量。而调配这一类腻子是以相适应的胶粘液（剂）直接与石膏粉、钛白粉、滑石粉或立德粉搅拌组成的。填充完成后，再用密封材料封面，增加安全系数，防止细小缝隙再出现。

修补一般性裂缝，也是先要用工具将裂缝已松动的颗粒除去，使裂缝得到扩大和加深，直到裂缝边成为坚实状态。接着用刷子或喷头将基层面彻底浸湿，从内到外都要这样。然后，用胶粘剂与相适应填料调配成黏稠状腻子，将腻子充足地填入裂缝内。干透后，即从表面向裂缝做补充填实腻子，再在表面用密封材料封面，并打磨光滑平整。

对裂缝进行补缝，同样是先用工具在裂缝处掏深并除去松散的灰泥，从内到外用水清洗干净并湿润裂缝基层面，接着用胶粘剂调配成的腻子将裂缝填满，在干透后再将收缩的缝隙补填充分腻子（补充腻子前也需将表面重新湿润），这样反复地进行多次后，使裂缝已嵌满了腻子。表面进行打磨，待平整光滑后，也用密封材料封面。干燥后打磨好后，涂上饰面涂料。

用于补裂缝的调配胶粘剂和表面密封胶，大多是选用聚硫橡胶，氯丁橡胶、丙烯酸、聚酯和丁基橡胶等多种胶，这类胶种会随建筑物的伸长和收缩受到压缩和拉伸作用，并依靠自身形变能力即弹性承受着应力和形变，致使裂缝很少再出现。装饰裂缝的粘贴修补如图 2-75 所示。

其实，在家庭装饰中防裂缝还有另外一种情形，即不仅要补裂缝，而且要防水堵漏。这对于装饰专业人员是一件麻烦的事情。这种防水堵漏主要是使用防水堵漏剂。这是一种专用材料，它是一种凝结硬化快，早期强度高，粘合力强和能产生一定体积膨胀并能长久性防水的胶种。

施工中，先要将裂缝或漏水点用工具凿成一条上窄下宽的槽形状，并将凿处清理干净，接着将快速堵漏剂与 30% ~ 35% 的水迅速地拌成浆体形胶泥。如果在寒冷气温下，可用温度 40℃ 的水搅拌而成。然后，将拌和好的浆胶泥握在手上，当感到有些发热感觉时，就迅速地迎着漏水线或点压下去，并持续用力一定时间，觉得浆胶泥已成硬性状后再松手，水堵住后再用膨胀水泥砂浆抹面，需要养护 3 天才可使用。

对于大面积的渗水问题，必须先将缝隙或渗漏点找出来，确定位置，接着用快速堵漏剂与 30% 水搅拌成浆胶泥堵漏。同时，用这种浆胶泥抹面刮平，最后用膨胀水泥砂浆抹面。这种堵漏施工操作，也可按其产品使用说明书的要求进行。渗漏水缝隙的粘贴修补如图 2-76 所示。

图 2-75　装饰裂缝的粘贴修补

图 2-76　渗漏水缝隙的胶粘修补

2.5　各种装饰材装饰窍门

一、木质材连接

现在的家庭装饰工程中，无论是木质顶棚结构和墙面造型结构，还是现场制件家具与定购板式家具，其连接操作大多采用圆纹钉钉、气钉钉和螺丝钉钉的做法，这种做法被人们戏称为"钉"结构，操作人员则被称为"钉子木工"。其称法显然带有贬义。其实，传统中应用最广泛和最流行的是榫眼连接方式，对于木质装饰和木制品(家具)是最重要的。

作为榫眼连接方式，主要是榫与榫眼(又称榫孔)的连接。亦有称之雌雄榫连接。仅这一连接做法就有许多方式，如形式上有单榫连接、双榫连接、明榫连接、暗榫连接、嵌接榫和加胶榫连接等；做法上有直榫连接、燕尾榫(又称砧板榫)连接、细齿榫连接和榫槽连接及直角连接、斜角连接等。如图2-77所示。

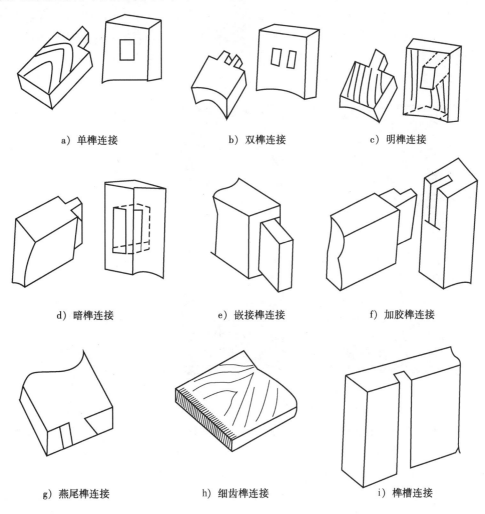

a) 单榫连接　　　　　　　　b) 双榫连接　　　　　　　　c) 明榫连接

d) 暗榫连接　　　　　　　　e) 嵌接榫连接　　　　　　　f) 加胶榫连接

g) 燕尾榫连接　　　　　　　h) 细齿榫连接　　　　　　　i) 榫槽连接

图2-77　雌雄榫连接做法

在木质结构中，应用榫与眼的连接方式，既是传统的做法，又是质量最有保障的。如今采用这种做法，还往往配以胶粘剂的辅助手段，使连接的框架质量更让人放心。如嵌接榫与加胶榫的连接，就十分地牢固结实。这种做法主要掌握榫与榫眼宽度尺寸为连接木料厚度的1/3，取中部位置锯榫和凿眼，两边各为1/3尺寸。若取宽度尺寸过大，就会减弱榫接的强度。榫眼的长度尺寸不得超过全榫长度的1/3，高度不得超过开榫眼工件高度的1/4。

组装这种连接时，榫眼底部最少要留有12.7mm的余量，以防出现壁裂而影响到结构的强度。

一般榫眼连接均采用单榫的做法，有时用单榫厚度过大会削弱边梃料的强度时，就采用双榫连接做法。与单榫制作相比较，多一个榫后，榫与榫眼的尺寸及部位就有些区别，但其安装的方式却是一样的。

燕尾榫与细齿榫多用于L形连接，而且大多是多个燕尾榫一起连接。也有单个燕尾榫连接的，其连接方式会与钉接及胶接同时使用，故而能保证L形的结构牢靠，不会发生任何质量问题。

至于采用明榫还是暗榫连接做法，要视结构与美观的要求。明榫也称穿榫，即穿过连接的木枋，是通透式的。在木质结构连接上应用得比较广泛，易于把握连接质量。做暗榫就不同了，其与榫眼的尺寸大小及深浅要求得很严格，做得不好，其连接不是松垮，就是胀裂。必须将榫与榫眼的大小尺寸做得恰如其分。榫与榫眼连接的框架门如图2-78所示。

图 2-78　榫与榫眼连接的框架门

掌握了榫与榫眼连接方式后，就要掌握搭接和板槽连接方式。搭接连接方式现在还是经常用得到的。搭接方式有全搭接与半搭接两种。采用全搭接方式时，边框木料应锯截出足以承托横木断面切口，为此要在边框两个侧面标出切口形状的切口标记。先用手锯沿标记线逐步锯截出切口，然后用凿子将切口底面铲平。经过试接后在贴面上涂胶粘剂，将工件组装再用钉子或螺钉紧固。

采用半搭接连接方式时，横木与边框都要锯截出一个切口，以便让两者搭接能保持平齐。在边框表面上按横木宽度尺寸作出标志，然后向下在边框两侧作出相当于横木厚度一半的标记。在用锯沿横木切口的标线上锯截，并在切口中央部位多锯出一条槽，以利于剔去废料。用凿子剔除废料能使底面平齐。试装后将两个工件连接固定并加以修理，还可涂上胶粘剂辅助加固。搭接连接方式如图2-79所示。

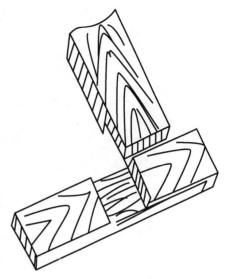

采用板槽连接方式，是将一块板枋的端头或边缘嵌入另一块木料切开与板枋相应厚度的槽口内，将两者连接成一体的一种连接构造。这种连接方式有通槽式与半槽式两种连接方式，连接后的结构质量也很有保障。通槽就是切口横向贯穿连接件的表面，而半通槽做法则是切口仅部分贯穿连接的表面，这两种连接既可做平齐式，也可做成鸠尾式。平齐式的槽口内外是一样的。鸠尾式则要求槽口内宽外窄，从侧面看与燕尾榫形相类似。具体采用哪一种方式，这要视连接结构的需要确定。板槽连接方式如图2-80所示。

图2-79　搭接连接方式

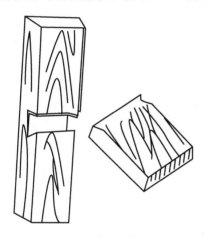

a）鸠尾式通槽连接式

b）平齐式半通槽连接式

图2-80　板槽连接方式

二、石膏材安装

石膏材在现实的家庭装饰中得到广泛的应用，在顶部贴面、墙面垫底或贴面和木制品的背面等，石膏材都发挥着很大的作用。石膏板材由板芯和贴面纸组成。板芯为耐火耐潮的石膏材，两贴面为厚纸层。现用于家庭装饰的大都为纸面石膏板和装饰石膏吸音板两大类。其实，石膏板材因用途不一样，从其外形上就有着区别。不同用途的石膏板材有不同的边缘，如有楔边形、斜边、光圆边、圆边、方边形和凸凹边等。而大多数石膏板的边均为斜切边形的，可以使用石膏板材嵌缝膏和胶带，使拼装相邻的两块石膏板材具有平整连续的表面。如图2-81所示。

安装石膏板材一般用直尺与装饰刀刻痕及切割，按所需尺寸先将石膏板材折断。切割

图 2-81　装箱中的各类石膏板材

石膏板，是用装饰刀在板面上切割，还是用锯子锯割，要按照装饰面积要求选定。切割或锯割是顺着长度或宽度方向，以其大小、形状或造型做的。切割和锯割越规范越好，可保证装饰质量达到高标准的要求。

一般性切割做法，是先用装饰刀划穿石膏板材的贴面纸，并顺着刀痕深入到底芯。然后将板芯猛地折断，或者由划破贴面纸一侧向外弯曲，弯曲到一定程度见另一侧有断痕时，再将断开的部分往回弯曲，用装饰刀沿着另一侧断痕将贴面纸切断。这样切割完石膏板材后，应当用砂纸（布）或锉刀、砂轮等，将石膏板材的切割边打磨平整光滑，而不是立即将切断的石膏板安装上去，因为这样会不利于下道施工工序，既影响工程进度，又妨碍装饰质量。因而，必须按照操作程序认真去做，切不可图省事而留下太多毛躁，影响装饰效果。

切割完石膏板并修整好后，便可进行安装了。作基层板或底板用的纸面石膏板的安装，大都需要用圆纹钉或螺钉固定，但也有用气钉固定的。但在吊顶棚安装石膏板也使用这种方式，显然不符合操作工艺要求。即使这样做了，也要在石膏板的四角与中间部位添加螺钉紧固，方能保证安装牢固。还有用涂胶粘剂胶固的，或是同时使用胶固与钉固来安装纸面石膏板的。然后，在表面做仿瓷覆盖，打磨好后做饰面涂饰。

根据需要和工艺技术要求，若在石膏板上开电器开关插座口，或开其他孔时，应当按照施工工艺要求仔细认真地测量好，定好位置，用铅笔画出轮廓线来，先在开口的轮廓线角上预钻几个孔，再用刀片或钢锯片沿着轮廓线，从预钻孔起始割开和掏空。割开操作的时候，一定要确保切口的准确位置，不要走了样，以利于盖板安装上去能遮盖开口的边缘；同样，开口不能过小，否则会影响到开口的作用，不利于电气开关或插座的安装。纸面石膏板作底面安装如图 2-82 所示。

如果要求增加墙体的隔音与隔热的性能，可安装多层纸面石膏板材。先按一般做法将第一层安装上去，然后在第一层石膏板材的基层面上，用抹子将嵌缝材料按照 200mm 左右的间距堆积上去，形成相应的结合点，再将第二层石膏板安装上去。安装时要注意两层板的板缝应相对错开约 250mm。有的要视实际状况错开位。为使嵌缝料摊平并粘牢第二层，需要在石膏板上垫着一块木板块用锤子适度地敲击，一边敲击一边移动木板块，使整

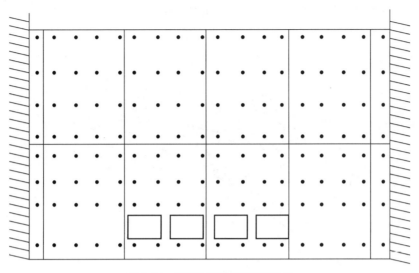

图 2-82　纸面石膏板作底面安装

个石膏板面都敲击到位。接着，又用圆纹钉有重点地钉在龙骨上，使两层石膏板材紧固地依靠在一起，等嵌缝料干透后再拔出钉子，又用嵌缝料将各缝隙与钉眼填塞满，直到整个平面平整且打磨光滑后，给予饰面涂饰。应用石膏板做隔音隔热安装如图 2-83 所示。

　　直接在室内顶面角四周和顶部中间安装装饰石膏板，是针对室内空间不高，或业主的要求，或装饰风格的必要而做，不是随便能做好的。这种情况上的顶面装饰，主要在于充分利用石膏板上的图案起装饰效果，是将石膏板的底面和顶表面直接钉固或胶固起来做成功的。

　　安装石膏板时，要先弄清楚顶面的平整度，应用找平和刮仿瓷的方式调整好顶平面，尤其是需要做安装用的部位，要平整，无明显的误差，对填补过的部位和整个顶面打磨平整、光滑，再测量出做安装部位的实际尺寸。然后，以预埋木楔与刷涂胶粘剂的方式，将选好的装饰石膏板，用专用装饰刀，或锯割好长度尺寸，逐节逐节地安装上去，并在预埋木楔部位紧固螺钉。在四角接缝必须采用 45°对角拼接，不可以平直相接。对板缝处的连接则用普通带孔的胶带粘贴。在表面是把相印的两块石膏板材斜边形成 V 形槽样，用腻子嵌缝填满。在

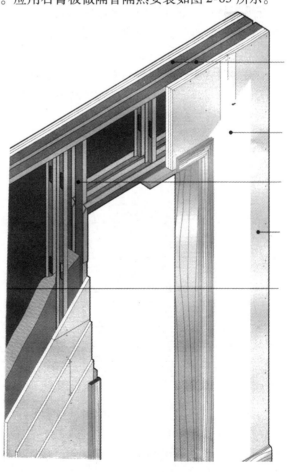

图 2-83　石膏板做隔音隔热安装

粘贴胶带时，嵌缝的腻子会通过胶带上的小孔渗到表面，故而必须收拾平整并打磨光滑，不留痕迹，其表面还需用乳胶漆涂饰多遍，以达到最佳的装饰效果。装饰石膏板的安装如图 2-84 所示。

图 2-84　安装装饰石膏板

三、纤维板材配装

纤维板材在家庭装饰中也是经常用到的。纤维板是用天然材料如树皮、枝丫和边角余料或其他植物纤维作为主要原料，经过机械加工成人造板材。纤维板材的品种很多，如标准板，常是一面光滑，一面有纹理；釉面板，表面经过涂层预处理，常贴有面砖或冲压成面砖或饰面条板花纹；塑料贴面板，其耐磨性和装饰性都很好。还有带孔洞的板材和颗粒板材；具有重量轻、耐久性及结实等特性，常作为装饰和家具的用材。各类硬质纤维板材如图 2-85 所示。

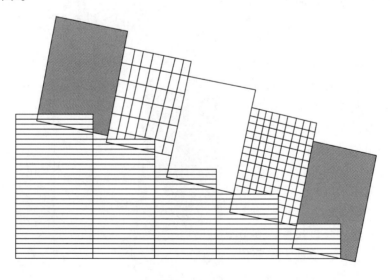

图 2-85　各类硬质纤维板品种

纤维板材按其密度可分为三类，即硬质纤维板材、半硬质纤维板材和软质纤维板材。各类纤维板材的共性为构造均匀，不易变形和开裂、力学强度也很匀称，有良好的加工性。

　　硬质纤维板安装后，有可能出现湿涨干缩的问题。那么，根据实践得出的经验，可在安装前先将这一类纤维板浸入水中浸泡 24 小时，取出晾干后再进行安装。假若不作浸入处理就安装使用，用螺钉固定起来后则无法使之伸胀退缩，会由此膨胀干缩而产生起鼓与翘角等现象。浸水处理时，既要掌握好泡水时间，又不能乱甩乱放，还要减少摩擦，以免造成损伤。

　　在使用的过程中，要注意保护，平放堆存，边和角都不得受损坏，加工时也不要损坏板材的表面，应保持光滑和无伤痕。如果板材的表面受到划伤，即使用多种方式打磨，也不可能使板面有着原有的光滑与光泽，显然就会破坏装饰效果。锯截加工纤维板时，应采用细齿锯由正面处进行锯截。对于一面平滑一面有纹理饰面的纤维板材，或是釉面板的纤维板材，或是塑料贴面板材，还必须先用装饰刀在板面上画出锯截线，然后再进行锯截。为防止板材被撕裂，锯截时应当用压条的方式给予保护，锯截要直，不偏离方向，快要锯截完前，还应注意加以支撑或用人工接着，以防止板材开裂或断裂。

　　安装装配的时候，切不可用锤钉的做法，而应采用螺丝刀即改锥拧螺丝钉紧固纤维板材。或是选用专用钉这种钉子钉帽小，钉入内后不容易从板材的表面看到钉帽。使人视觉上不会感到不舒服。

　　对于要求做涂饰的纤维板，在安装完成后进行饰面涂饰。纤维板具有好的涂饰特性，既可应用刷涂，又可采用喷涂，用各种涂料涂刷都会有比较好的附着力。所以，要充分地利用其优势，做出好的涂饰效果给家庭装饰增光添彩。

　　其实，如今应用的纤维板材，大多是表面平整光滑，而且还有图案花纹理。多用于专业工具加工成组装板式家具。由中密度纤维板材加工成的家具，完全符合现代人要求的环保健康标准，且具有重量轻，抗拉强度大，板面平滑美观的优点。只要细心认真地按照工艺和技术要求操作，就能够达到良好的装饰效果和做出人见人喜欢的家具。应用纤维板材组装家具如图 2-86 所示。

图 2-86　应用纤维板材组装家具

四、铝合金材组装

铝合金材是一种新型的家庭装饰材料。其材质轻而坚韧，从外表上看，好的铝合金型材氧化着色膜表面光洁，视觉漂亮，色泽纯正，不脱毛，无划痕，质量稍重，型线流畅，断切面很亮，不化乌，耐腐蚀，刚性好，经久耐用，在家庭装饰中得到广泛的应用，不仅是门与窗的用材，而且是装饰与家具的用材。

铝合金材的选择，一是选择正规厂家生产的产品。二是选用信誉度良好的品牌产品，这样的产品尺寸规范，质量有保障。铝合金型材的尺寸，按其规格即可一目了然。如35mm 主框架宽度尺寸的型材就称 35 系列，90mm 的就称 90 系列，还有 38mm、40mm、60mm 和 70mm 等宽度尺寸的主要框架型材，则按照其宽度尺寸分别称其相应系列了。在家庭装饰中，只要按照设计图纸的工艺和技术标准要求，或者是依照工作经验和业主的意见，能很快选择到合适型材的。例如做装饰门框或封闭阳台选用铝合金型材规格，即使没有工艺和技术标准要求，装饰专业人员也会习惯性地选用 70 系列或 90 系列型材的。因为小于 70 系列的尺寸，就很难保证安全性和质量了。各种铝合金型材如图 2-87 所示。

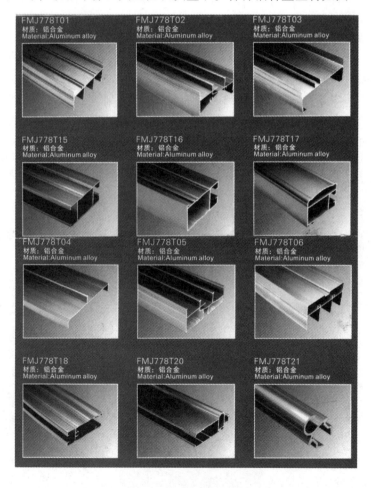

图 2-87　各种铝合金型材

应用铝合金型材做门和门框、窗和窗框，或做其他框架，不管式样和作用如何，其结构的成型做法是大同小异，连接组合均是采用斜角方式。这种组合方式既简单方便，又美观大方。操作时，按需要尺寸画好线，连接的部位画出 45°斜角线，切割多余部分后，做直角 90°装配和连接。在用固定件推压就位后，再使用木锥或软头锤轻轻地敲打进行整理。铝合金材框架组装如图 2-88 所示。

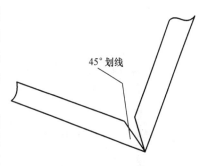

图 2-88 框架组装形式

组装中使用推压或用木锤敲打方法时，千万不能损坏边角，更不能将铝合金型材边梃敲打变形和出现隔离。否则，既损害外观效果，又给安装玻璃带来不便。因为，安装铝合金门与窗时，要求框内装配的玻璃尺寸下料是准确的，不能有太多的误差，边角应垂直，下料划出的玻璃尺寸一般比扇框外侧尺寸小约 25mm，并用槽形嵌条包边或包围。用胶带和嵌条包围玻璃如图 2-89 所示。

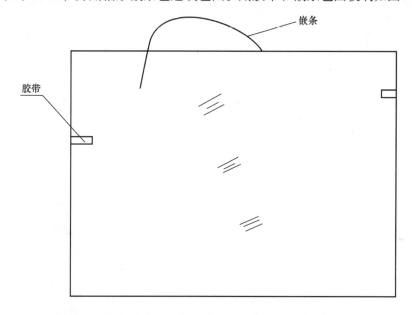

图 2-89 用胶带和嵌条包围玻璃

在一切零部件准备就绪之后，就将嵌条好的玻璃装配到框架内。按照常规，装配门和窗必须要用带胶粘剂的泡沫密封条封住框内四周边。这样做的目的，一方面使框架与玻璃的装配更严谨、稳固和不易脱落，另一方面使得铝合金材门和窗的装配密封性更好，起着防风防水的作用。最后，要在四角部位加装螺钉紧固，以增强框架的稳定性。对尺寸过大的，还要在中间部位加装螺钉帮助紧固。组装成功的铝合金窗户如图 2-90 所示。

如果是用铝合金材做家庭装饰和其他部位家具的组合，其加工和组装做法与做门窗框架的工艺和技术要求基本上一样，只是紧固和安装方面要根据实际要求来做，切不可一成不变。特别要注意的是，除装饰效果外，稳固性和安全性仍然是最重要的。如图 2-91 所示。

五、金属材安装

金属材在家庭装饰中所占的比重量虽不大，但其常有画龙点睛之功效，因而，有必要熟知其操作工艺和技能及质量要求。

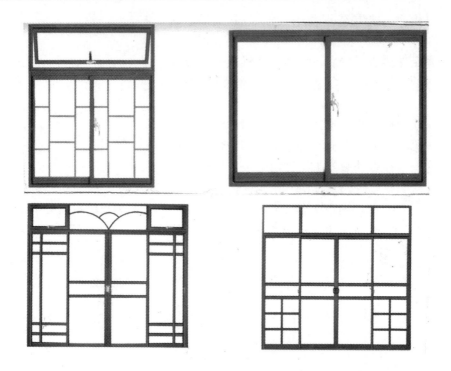

图 2-90 组装成功的铝合金窗户

图 2-91 应用铝合金材组装框架做装饰

家庭装饰中，应用金属材品种多的是不锈钢材质，也有其他钢质、铜质和铝镁金属的。对于不锈钢材质，不仅在护栏，护台和护窗及扶手方面多用，而且在家具、餐具、洗具和日用品等方面得到广泛地使用。如家具类，就有茶几、桌椅、橱柜和搁台等；用具类，则有茶具、洗浴具、毛巾杆、挂衣杆、浴室架、肥皂台和卷筒纸架等，都是选用不锈钢板、钢管和钢条加工制作而成的。不锈钢材分有镜光面和亚光面两种，业主可以根据自己的喜好任意选择。作为装饰专业人员，不仅要懂得材质的性能，而且还要会加工制作，既掌握其焊接技能，又善于应用各部件的辅助功能进行装配。例如，懂得镜光面不锈钢加工的装饰件，不容易长期保持晶莹晶亮的色泽，只有亚光面的，才能够长时期地保持原色泽，有时还会因为保养得好，可以使亚光面越用越光亮等。经常用这些小知识给业主当好"参谋"，是有利于为装饰工作顺利进行创造条件的。应用不锈钢加工制作各式门如图 2-92 所示。

图 2-92　应用不锈钢材加工制作各式门

不锈钢材的制作品安装时，既不要损害原有的饰面，又要使得装配上的配饰品质量牢靠安全，还要给原装饰效果锦上添花。如在瓷片墙面和瓷砖地面上装配，就不能损坏瓷片和瓷砖。在装配铝孔时，先要选准瓷片(砖)的接缝处，了解清楚不是空鼓部位，用笔画出准确位置后，用画针或钢钉尖口将瓷片(砖)饰面破损一个小孔，再用锤敲击钢钉打穿瓷片(砖)，达到混凝土表面，就可以使用手钻或冲击钻了。先用小钻头钻出一个小孔后，再用尺寸相当的钻头扩大孔眼。接着钻到一定的深度。打入塑料楔或木楔，将不锈钢装配件用螺钉紧固上去。紧固螺钉不能用力过猛，也不能紧固过紧，要用平衡推进的方式，把装配件基座装配牢固就可以了。如果是按设计要求配装的，则可以在铺贴墙面瓷片和地面瓷砖时预留孔，或预埋紧固件，以确保金属装配件安装的可靠和安全。汇泰龙·不锈钢五金件安装美饰如图 2-93 所示。

铁艺制品是用金属材制作出来的装饰用品，其在家庭装饰中的作用，是其他材质不可取代的。一方面铁艺以其或淳朴厚重，或刚柔并重，或线条流畅，或简洁明快的风格和艺术性，令人赏心悦目；另一方面，也体现出装饰材料和风格的多元化，给家庭装饰带来更

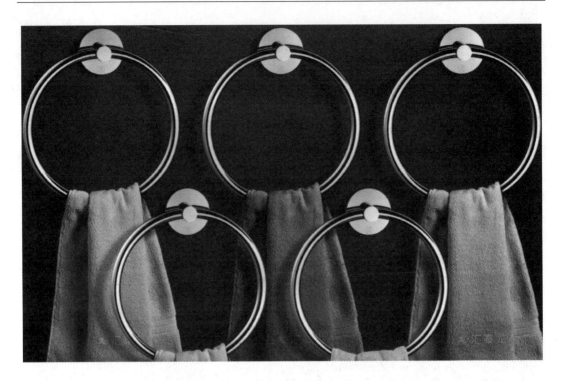

图 2-93　汇泰龙不锈钢五金件安装美饰

多的韵味，因而受到广大业主们的青睐。

安装铁艺制品的时候，应当根据其性能进行巧妙的操作，不可以硬碰蛮干。一方面要选配好图案，不要装配错了，排列要细致，安装要牢固和稳妥；另一方面要选准安装方案，是应用焊接做法，还是用胶固，或是用混凝土预埋再贴瓷片饰面，都需要严格按照工艺和技术要求操作。安装过程中，如遇损坏外观和漆膜，要及时予以弥补。精美的铁艺楼梯扶手装配如图 2-94 所示。

如今，应用铝镁合金材质或铝锰合金材质加工成各式各样的装饰件悄然兴起，如由这种材质制作成的套式扣板与扣板架，就是很受业主欢迎的金属材装饰。这种装饰品给顶面装饰的改朝换代和面貌更新创造了极好的条件，也弥补了以往只注意讲究地面与墙面装饰的变革，而不重视顶面装饰材的不足，是金属材应用于家庭装饰的重大突破。

安装这类装饰件时，必须先将各扣板架装配平衡和平稳，不要出现中间高低不平和四周留太多空间的问题，要严格按照装饰空间准确地测量出尺寸，对板架作出扣板的排序，墙面小空隙应用胶粘剂填充好，使之成为整齐美观又平整稳固的整体装饰面。应用铝镁材做吊顶装饰如图 2-95 所示。

六、管线材接装

管线材主要是指自来水管、煤气管、暖气管和电气线路等，其安装操作的好坏，与家庭装饰的安全和质量有很重要的关系，因此，必须按照规定和要求进行安装，达到美观、实用和方便的目的，给装饰提高品位创造条件。

如今，管线材的概念已不再是以往的镀锌钢管和花线了，而是指用 UPVC 管预埋和电线预埋。关于管线，几乎每一家庭装饰都要进行重新布局和安排，以达到业主的要求。UPVC 管，即硬聚氯乙烯管，是一种新型的水管材料，分有冷管、热管两种，以取代国家

图 2-94　精美的铁艺楼梯扶手

规定禁止再使用镀锌钢管。

　　现在用于水管材的还有铝塑复合管、PPR 管即聚丙烯管等有机复合管材和钢管、不锈钢管等金属管材。一般情况下，UPVC 管材用于冷水系列的多，PPR 管可用于 100℃以下的热水系列。铝塑复合管是刚刚兴起的新型水管用材，产品用铝管及内外层聚乙烯复合而成，它集塑料管、金属管的优点于一身，且避免了两者的不足，是实现真正意义上的绿色环保化的管材，将在家庭装饰中得到广泛应用。现在，在家庭装饰中，得到普遍使用的有日丰、金德、上海等品牌管。这些管材由于管道内壁光滑，流阻很小，有效流量较同类规格的其他管材大 20% 左右。从铝塑复合管的性能看，其质地坚硬，弯曲时无脆性，不反弹，不需加弯管，较金属管又有不锈、不霉变和不受腐蚀的优点，同时，耐热性能也很好，安装起来方便，对接时不需要在管子上做丝扣，可直接用于施工。如果采用这类管

图 2-95　应用铝镁材做吊顶装饰

材，可以避免硬聚乙烯管和聚丙烯管的不足，并且可以在任何环境下使用。对于水管和电线的安装，最好以不要走预埋地面做法为佳。尤其是预埋水管走地面，长时期受到人踏压力和震动，发生问题的几率比走墙面要大得多，万一发生问题，会给家庭造成诸多的麻烦和不必要的伤害。管线的预埋以多走墙面和顶部为好。各种 UPVC 管材与配件如图 2-96所示。

图 2-96　各种 UPVC 管材与配件

安装管材时，如使用工具拧接头，不能拧得太紧。若拧得太紧，一方面会损害接头或管材表面，甚至压破管材或接头，另一方面会给维修或更换造成困难。同时，在同一个管道系列中不能混用不同性质的管材。因为这样会容易出现连接不好而造成渗漏。而同一类型材既可用于接水管道，也可用于排水管道。UPVC 管接头内部构造如图 2-97 所示。

切割硬塑料管材，最好使用细齿型锯条，并在固定好了之后进行，会使切口平直和光滑，不会出现粗糙的状态。切割完的每一个切口一定要用刀、锉刀或砂布清除管内外的毛刺，使之光滑洁净，不得有油污、灰尘和其他的杂质粘贴在上面，有必要时还得使用清洁剂清理干净。连接大多采用专用工具和溶剂胶的方式。应用溶

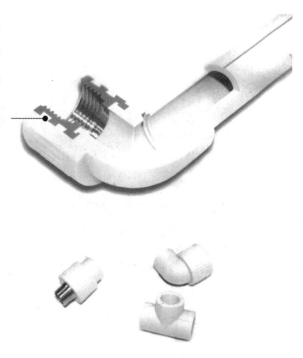

图 2-97　UPVC 管接头内部构造

剂胶是将其充分地涂在管子外面和薄薄地涂在配件内侧。涂完溶剂胶不得延时，应当立即将管子和配件粘合在一起，挤压时旋管材不得超过 1/4 圈，并直插到管底，但要注意将配件调整到所要求的方向，千万别弄反了。使用合格的溶剂胶连接接头，应有一圈凝固的溶剂胶，不得出现渗水现象，更不得出现明显的漏水问题。

假若使用专用工具来连接，当硬聚氯乙烯管材与金属管材连接时，可用一种特制的接合器。这种接合器一端刻有螺纹，可将钢管或黄铜管拧入；而另一端则是与硬聚氯乙烯套管粘接或热熔接的。供钢管与铜管，钢管与硬聚氯乙烯管连接用的套管，也是有现成制品可用。如图 2-98 所示。

现在的家庭装饰中，管材的安装大都采用预埋做法，这并见得是一种很完美的做法。如煤气管道在居室里就不允许预埋的。还有自来水管与暖气管道等，应以使用方便为主，不妨予以遮掩，或是巧妙地利用其本身做一些装饰，有时也很管用的。因此，除了预埋做法外，还可以通过包藏和美饰的做法来进行管线安装。特别是对易出问题的部位用柜藏遮掩，还为日后维修带来便利条件。如给管材表面涂饰不同颜色，或做其他装饰打扮，都不会影响到美化效果。

家庭装饰中电线的安装是以安全、适用、可靠、经济和维护方便等为基本原则。因此，优化分配电路负荷，合理安排电线路，科学布局线材装饰方案，已成为重要的内容。在装饰分配线路上，不仅有强电路线，而且有弱电线路，弱电路线又有电话线、网络线和有线电视线等。弱电信号属于低电压系统，抗干扰性能较差。这样强、弱电线路的走向和间隔是很重要的。按照国家标准规定，强电线路、开关和插座的排序，应当与弱电线路及插座的排序水平安排，其两者的水平间距不应小于 500mm。为使用方便和安全可靠，在布局安装线路时，还要注意防潮防水，线路必须进入套管内；强、弱电在客厅和卧室内预

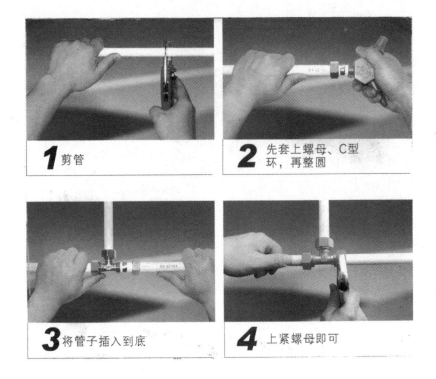

图 2-98　硬塑管材的连接安装

埋安装底盒的时候，最好多点插座，以便在情况发生变化后能有备无患。至于每间居室需要安装多少插座和开关，还是以业主的意愿为准，不能由装饰专业人员凭主观随意去做，以免发生不必要的误会。

电路布局应当保证每一层楼的电源插座和开关照明不要布置在单独一条线路上，以防发生不良状况后带来更多的修理麻烦，还应注意装配保护装置。各个插座与开关接线都应采用软线连接，也有大负荷专用线是硬线连接的，如空调、冰箱、微波炉和烤箱等的线路。不过，无论是软线连接，还是硬线连接，接线不能过长，线要过于长了，会降低电器的效能。装配开关与插座要正确，其内部接线要正确无误。电路、水管布局安装规范如图2-99 所示。

安装吊灯时必须由两个人合作，而且必须由有执照的电工来做，这是由国家相关法规明确规定的。一般吊灯是安装在专用吊钩上或用膨胀螺栓固定在楼顶板上的，而不应装配在顶棚上。施工的时候，由一个人在楼梯上操作，另一个人给予配合。连接线是有明显标示的，火线与零线不要接错就可以，应当是火线(红色)与火线(红色)相连接，零线(黄绿色)与零线(黄绿色)相连接。还要注意不要让电线的绝缘保护层给磨坏，让裸露的电线与任何表面相接触，使所有可能接触的部位，都应当绝缘良好，如果使用电线帽套，一定要连接紧固。假若是采用焊接，应先给电线上锡，再将电线焊在一起。然后缠足绝缘胶布，盖上顶盖，用防松螺母或定位螺钉固定好。吊灯安装必须正确安全如图2-100 所示。

七、门锁装配

门锁装配在家庭装饰中越来越被重视，这不仅是因为门锁重要，在门窗的装饰上是个

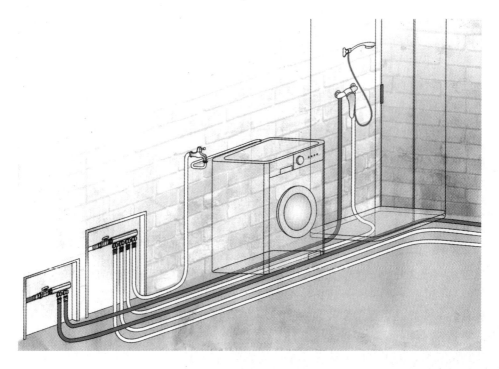

图 2-99 电路、水管布局安装规范

亮点，而且因为其品种式样多了起来，可供业主随意选配。门锁的材质有铜质的、不锈钢和钢质镀锌的及木质与钢质配装的；类型有圆柱锁、插锁和弹簧锁等。这些类型的锁虽然都有锁头，但圆柱锁仅用于在执手内带有锁槽的锁。

圆柱锁是用钥匙通过外侧执手可以锁住的，通过旋转执手或里侧执手上的按键，也可以将锁锁住。在钥匙插入手执的键槽内时，通过锁座，带动锁柱回转，使锁打开。圆柱锁上的执手带有空心杆，并安装有弹簧爪；外侧孔盖用螺钉紧固稳定，或是从里侧用螺钉固定，以免外侧锁受到损害或容易被拆。安装这类锁，需要钻两个孔，大孔是要贯穿过门的表面，将锁芯插入锁壳与连杆，用螺钉连接紧固；小孔是为装配碰簧舌的门边孔。同时，在小孔相对应的门框边梃开槽，以便安装的碰簧舌能插入边梃锁舌板内，能将门锁住。如图 2-101 所示。

图 2-100 吊灯安装必须正确安全

圆柱锁的安装高度一般距地面为 900mm。先用笔在门面上标出锁孔中心和门边上碰簧舌孔的中心。接着用小钻头钻出一个中心定位孔，然后用扩孔或键孔锯以定位孔在门面开出锁芯直径大小的孔，一般扩孔直径尺寸为53.98mm，也有小于这个直径尺寸。当扩孔钻到表面一定尺寸后停钻，再从相对应的面向内扩钻，这样才不使门表面受到破坏；在扩钻孔完成后，就在门边钻碰簧舌孔，钻至与大孔贯通便停止，这个孔直径约为23.8mm。钻孔时，钻头必须与门表面保持垂直，不可以歪斜。钻孔完成后，将弹簧舌盖板位置先定下来，画好尺寸，用凿子凿出槽印，使装配的弹簧舌盖板与门边平齐。装配好弹簧舌，固定在门边上，就将圆柱锁的外执手通过碰簧舌在锁芯的插口连接好，又用门锁配备的专用螺钉紧固定位，

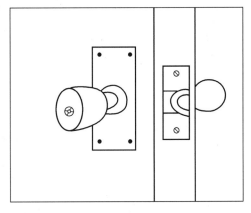

图2-101　圆柱锁的装配

把里侧执手和盘盖通过外执手上锁芯孔连接起来，对好螺钉与螺钉孔进行固定。有的圆柱锁内外执手是直接由盘盖来固定的。盘盖与门表面平齐。在锁芯与碰簧舌装配完毕后，就对着碰簧舌的位置在门桄上安装锁舌板。锁舌板安装也是用凿子开好槽，使锁舌板与门桄平齐，将螺钉紧固好，圆柱锁就安装好了。

插锁的安装与圆柱锁的安装差不多，因为插锁的内部结构与圆柱锁大致一样，只是插锁对于厚度小于34.9mm的门不适宜安装。但其适用范围还是很宽广的，花样又多，既可以反装，又可以顺装，只是根据门的"开向"来确定的。普鑫品牌各类门锁如图2-102所示。

图2-102　普鑫品牌各类门锁

弹簧锁也称日夜安全锁，安装在门内表面，常有两套锁门装置，还另带有插锁辅助装置。锁门的两套装置，一套是带弹簧的锁舌装置，当关上门时，这套装置就自动锁上了，另一套是不带弹簧锁舌的，必须用钥匙来锁上。

安装弹簧锁比装配圆柱锁要简单些，在标好锁头位置后，用一种手钻可直接钻好装配孔。这个装配孔就是插钥匙开锁的锁芯，也称为锁头。锁头装配是对着门外侧的，其长度尺寸与门厚尺寸应相一致。首先将锁头用盖板固定住，只留有一个插片在门内侧表面。这

个插片必须插入锁壳连接眼内。有时因为插片过长，需用锤钳钳一截，然后将锁壳安装在盖板上即门的内侧面。这样，弹簧锁的主体部分就装配完成了。接着安装锁舌板。弹簧锁的锁舌板和锁壳一样，是安装在门内侧的；只是在门框的边梃上定位，以弹簧锁的两套锁舌位置相配合。其装配有需要在边梃上开槽的，也有直接装配在边梃上的，要视实际情况进行，使安装上的锁舌板在关上门后，锁舌能正好锁住门，以没有间隙与松动现象为好。弹簧门锁的装配如图 2-103 所示。

图 2-103　弹簧门锁的装配效果

3 把握特色饰材配选窍门

家庭装饰做得有没有特色，除了设计和施工之外，与装饰材的配选是密切相关的。

特色饰材，就是适合于家庭装饰的具有不同特点的装饰材料，是根据装饰设计和装饰施工的要求来配备和选择的，这是一项非常关键的工序，必须做好，才能给具有特色的装饰打好基础。

3.1 木材料配选窍门

木材料在家庭装饰中占有很大的份额，木质造型，木质吊顶棚，木质地板和木质制品（家具）等，都离不开木材料的配选。配选得好与不好，关系到家庭装饰的质量和安全，同时，也是体现装修装饰木工技能高低的一个重要环节。

一、木材料巧配选的重要性

木材料配选看似简单，其实不然，配选好所需求的木材料，对做好木质装饰有着重要的作用。

虽然天然材有着其特有的色泽和纹理，特殊的木香味，很受业主的青睐，然而，随着资源的匮乏和砍伐的限制，将会被更多品种的人造材所替代。与此同时，以次充好，以假乱真的产品，给广大的业主和装饰专业人员带来了这样或那样的困惑及损害。因此，在配选木材料的时候，就要学会识别，避免上当受骗。木材料配选的重要性体现在以下几个方面：

1. 降低工程造价。
2. 加快工程进度。
3. 提升家庭装饰工程质量和品位。
4. 体现家庭装饰专业人员技能好差状况。
5. 反映家庭业主对木材料看重与否和知之多少的程度，对把握好做出特色靓丽家庭装饰至关重要。

其实，配选木材料应根据环境情况、气候变化、对象变迁等，需要随行就市，做出准确的配选。例如，针对居室通风条件好、阳光比较充足的家庭装饰，其配选的装饰木材料就要求质地要好一点的。虽然这样做成本会高一些，价格会贵一些，但因经久耐用，不易变形，可减少装饰后维修，少诸多的麻烦，就显得很合算。假若面对环境湿度大，通风差，湿气重的状况，就需要配选吸湿性强、材质软、耐腐蚀、不易变形的杉木、梓木与樟木等一类木材料。这些木材料还能经常散发出特有的木香气味，可防虫驱臭，调节空气，使人的精神愉悦，身心健康，对人大有裨益。倘若是不按照实际情况，进行针对有效的配选木材料，不仅会造成装饰质量的下降，还会使新家庭装饰成累赘。各类装饰板材配选如图 3-1 所示。

图 3-1   各类装饰板材配选

二、天然木材料配选

天然木材料主要是指截去树木的根部和枝叶所留下的部分，经过各种有效的加工，成为木装饰工程和木制品（家具）制作的有用木材料。天然木材料因为经过自然环境和日晒雨淋及风吹雷打的历练，具有密度小，强度高，吸收能量好，不导电，不传热，有弹性，有良好的弯曲和加工性能，纹理清晰，花纹美观等特征，是家庭装饰木制品（家具）的首要选配的木材料。不过，天然木材料有着不少缺陷，易变形，易变色，易燃烧，易断裂和易腐蚀，又有着疤节、油眼和夹皮及斜纹理等，加工起来也有着许多意想不到的困难。

为节约宝贵的林木资源，应善于运用锯割操作技术巧加工弯曲天然木材料。由于机械加工的普及，家庭装饰现场都使用电动锯割，很少采用手锯或斧砍了，因而对弯曲天然木材加工基本上是用锯割法了。这样，对于各种不同的型材，就采用不同的窍门来巧加工了。针对中部慢弯曲的原木材，多从中部截锯断，去弯曲而成直材，急弯原木材则多从急弯处截锯断，弯木即成为直木材。然而，无论截锯哪一类弯度原木材，必须先考虑其实际用途，不能想当然地乱锯一通，有时可能正好要利用弯曲原木材做特殊装饰配材用。例如遇到弯曲太大不好用，短材拼接不适用时，便可采用侧面加工和腹背加工的窍门，以减少弯曲或回避弯曲。如图 3-2 所示。

侧面加工，就是从纵向方面将弯曲的原木材两侧边各锯去一块厚薄适当的板皮。而腹背加工，则是从原木材的腹部（内曲面）与背部（外曲面）各锯掉一块板皮，将木材料调整平直。这样一来，弯曲的原木材就成为平直方正好用的木材料了。

尖削天然木材也可以加工成好使用的木材料。尖削天然木材即大小头直径相差较大的原木材，使用起来极不方便。可以采用偏心加工的方法，把原木材沿一边加工平直，再按小头的尺寸，以平直面作基准，纵向锯割掉削度肥大的部分，使原木材成两头尺寸一样的

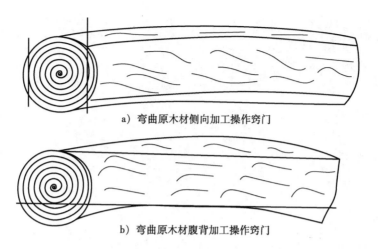

a) 弯曲原木材侧向加工操作窍门

b) 弯曲原木材腹背加工操作窍门

图 3-2　弯曲原木材纵向加工操作窍门

好配材。被锯割下来的肥大部分，还可作其他配材使用。或是用墨线测做法，以原木材中心线为基准，按照小头尺寸大小，将大头肥大部分去掉，使尖削的原木材成为两头尺寸一样的方木配材。如（图 3-3a) 所示。

如果遇到尖削的原木材较大，则可采用轴心加工的窍门，将原木材沿轴心平行锯割开，然后以轴心面作基准面，按照小头尺寸去掉削度肥大部分，使原木材成为多根两头尺寸一样的好配材。如图 3-3b) 所示。

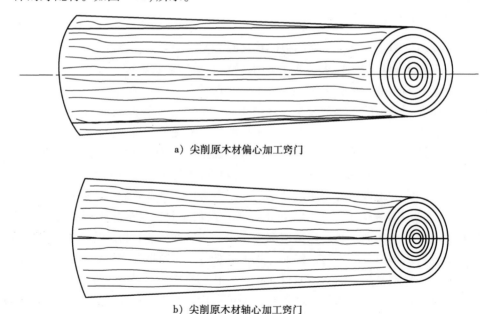

a) 尖削原木材偏心加工窍门

b) 尖削原木材轴心加工窍门

图 3-3　尖销原木材加工窍门

对于收缩和翘曲变形的枋木材和木板材，需要矫正之后，才能用于装饰工程。对于缩水与翘曲严重的板材与枋木，必须调平直，先把需要调平直的板材或枋木充分地浸湿，然后将其两端搁起，对翘曲处用重物加压，若干天后，其翘曲处必然会恢复平直。若板材或枋木翘曲变形不甚严重，可用锯削或刨削的做法来调整。如毛料一面凹进，另一面凸出，就将凹面的凸出的端部或边沿上翘部分去掉，直到凹面基本平直。如果需要先削去凸面时，则先刨削最凸出部位，保持两端部平衡，直到整个面平直方可。用刨削做法平直翘曲变形枋木材如图3-4所示。

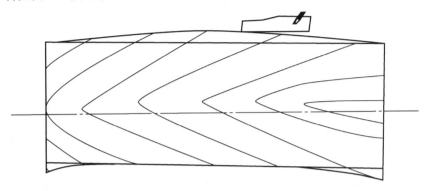

图3-4 用刨削做法平直翘曲变形枋木材

同样，根据家庭装饰和木制品（家具）制作的需要，还可巧妙地按其制作式样配选材料，只要头脑灵活一点，想象力丰富一点就可做到的。

例如，应用制图窍门配选装饰造型木材料时，先选用一种薄型板制作出图案，再选择适当的材料放样画线，或是用夹具夹好，把材料照葫芦画瓢锯割，巧妙地配成所需求形状的木材料，以备装饰造型配用。不过，这种制图锯割配木材的做法，是需要配材者既具有美术素质，又具有能工巧匠的扎实功底，才能够按照木装饰图纸设计要求，绘制出各部位所需求的图样来的。同时，这种配选的方法，还要根据各种木材料的性质，有针对性地选用。例如，针对承重部位的配材料，则必须选用硬性木质的、能承重的实木材；假若用于装饰部位不承受多大压力的，就应当选用软木性质的木材料。只要是经过精心加工能达到装饰工艺和技术要求的，就是合格的配选木材料做法。遇到复杂而又精美的曲线图案，如能就地取材配选的，就采用就地取材的做法，把各种木材料配选好。如图3-5所示。

a）加工家具   b）装饰窗台

图3-5 巧用木材弯曲

三、人造板材配选

由于人造材板面大、变形小、表面平整光洁、使用方便，而且比自然木材料经济实用，少有麻烦，故其应用越来越广泛。

选配人造板材应根据家庭装饰工程外部所处的环境、地貌和条件的要求，针对工程内部每个部位、造型和实际需要，以及业主的喜好，配选不同的板材。随着人造板材的发展，其种类、花色和式样越来越多。现在得到广泛应用的有大芯板、石膏板、纤维板、胶木板、模压木饰板、密度板、防火板和刨花板等。而人造板材应用得比较广泛的有福湘、雪仑、万象、可耐福和莫于山等品牌。这样，在配选人造板时，既要按照实际要求，又要注意到环境变化，还应适应装饰部位和制作加工家具的要求，有的放矢地配选。应针对各种人造板材的性能、特征、作用和缺陷，扬其所长，避其所短，恰到好处地加以应用。例如对板材的适应环境性，即其防潮程度和防火的极限，都要有了解；其干燥程度，含水率的高低亦很重要，一般情况下用干燥的人造板材做装饰造型和制作家具不易变形。同时，对人造板材的规格尺寸和厚度做到心中有数，配装板材的宽度尺寸两头最好一致，厚度要均匀。因为人造板材厚度、长度和宽度尺寸的选择，一方面关系到板材的利用率高低，另一方面将直接影响到装饰和木制品（家具）制作质量的好坏。

大芯板材的配选，一定要区分装饰部位和木制品（家具）的质量要求，对背面部位或不甚紧要的用材，可以选用手工拼板材；而对重要部位和饰面用材，则必须配选机拼板和纹理漂亮的材料。因为，机拼板材较手工拼板材，其夹层拼接严密，质量要好，价格稍高点，锯开后侧面也看不到缝隙，有利于达到装饰质量和木制器（家具）制作质量。而手拼板材侧面就可看到拼接的缝隙，板面光滑平整性也差点。大芯板如图3-6所示。

图3-6　浙江莫干山品牌装饰主材大芯板

胶合板是用胶粘剂粘贴而成的。由于粘贴的胶粘剂种类和用途不同，因而胶合板有着各不一样的性能和配选上的明显区别。从性能上，胶合板有耐气候、耐水性、耐沸水、耐潮性和不耐潮性等多个不同种类；从外形上，胶合板又分为刨光的、砂光的和表面装饰的平面型与曲面型的。其尺寸大小也各有所区别。同时，还可分为冷压方式生产和热压方式生产的不同状况。于是，要针对不同的装饰要求和风格，严格地按照其特征、性能、结构和造型，以及所用的板材实际用途，配选好胶合板，巧妙配用人造材，以求达到最让人满意的装饰效果。胶合板如图3-7所示。

纤维板材的配选，从其在装饰工程中的用处，与大芯板、胶合板等一类人造板材没有

多大区别，其做法上从表面上看也大致差
不多。但是，若不懂得其装饰后的反应特
性，就容易发生大问题。因为硬质纤维板
有着很明显的湿涨干缩的特性，在使用安
装前，绝不能像其他人造板材一样，铺上
去就做装配，必须要做浸泡处理，也就是
装配的前期处理，将硬质纤维板材在清水
中浸泡 24 小时左右，取出晾干后，才能
够用于家庭装饰工程和家具制作用材。不
然的话，当用钉子紧固或胶固后，硬质纤
维板材在外界环境的作用下，会因热胀冷
缩或湿胀干缩等原因而产生起鼓、翘角等
变形问题。纤维板材如图 3-8 所示。

图 3-7　装饰主材胶合板

图 3-8　做厨房用板或橱柜用板的纤维板材

　　纸面石膏板材是近年来用于家庭装饰隔断和吊顶面的主要用材。板材有普通纸面型、
耐水纸面型、耐火纸面型、隔音型和耐水耐火型等。因而，在家庭装饰中，应当根据不同
需要合理配选。装配同其他人造板材一样，使用钉装或胶装方式紧固在龙骨架上。龙骨架
既有木质的，也有轻质钢龙骨的。在石膏板材接缝处须用接缝带、填缝料和配件进行接缝
处理。同时，对紧固螺钉面做防锈处理，才能保障装饰质量。纸面石膏板如图 3-9 所示。

四、式样法配选

　　式样，即样子或形状。家庭装饰的状况各式各样，因而做出的装饰式样与造型各有不
同，变化多种多样的。同样，由于业主的审美观和用途不同，加工出来的木制品（家具）

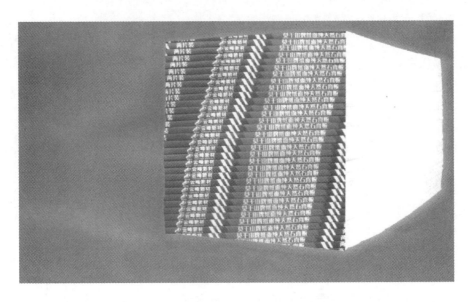

图 3-9　莫干山牌品牌纸面石膏板

或工艺品的形状也是千姿百态的。从形状上看，有方形的、圆形的，有长的、短的，有高的、矮的，有椭圆形的、扁形的；从型体上来说，有大型的、小型的，有立体形的、平面形的等。这样一来，常常需要根据式样的不同来配选木材料。如果只是简单地按一种方法去做，显然是配选不好的，反而会浪费和损坏木材料。必须针对式样不同，实事求是，才能有效地选准材料，配好材料。针对木制品式样选材如图 3-10 所示。

图 3-10　针对木制品式样选材

　　例如做大型装饰吊顶棚，因为是悬在居室空间的，既不能变形，更不能脱落。那么，在配选木材料时，必须考虑用不易变形、自重适中又很结实的实木材做龙骨架，安装要很稳固。而面饰材却要求采用轻便、不易变形的纸面石膏板或胶合板等比较合适。如果木龙骨配选硬杂木或麻栗木等坚硬木材，显然不适宜，而配选杉木枋，和白杨木枋等软性木材料就比较合适。

　　如果是配选既有装饰作用，又能有一定承重力，还能用于雕龙刻凤、刻字雕花的造型装饰材料，就不能配选杉木、泡桐木与白杨木等软质木材料，而是要配选梨木、枇杷木、樟木与梓木等一类材质细腻、较硬和韧性比较好的木材料了。这样配选的木材料，不仅质量靠得住，安全有保障，而且还会出装饰效果。制作家具造型配选适宜木材料如图 3-11 所示。

图 3-11　造型家具配选适宜木材料　　　　图 3-12　圆形木制品选配软性实木材料

　　若是制作圆形或椭圆形的木制品(家具)，不仅要求感觉到其美观，而且还要求能实用，摆放着不变形，使用起来又不是很沉重。那么，其配选的木材料，若是配选人造板材或硬实木类材料，虽然也能够制作加工出圆形的和椭圆形的木制品来，却是不能达到设计工艺和技术标准及使用要求的，尤其要达到"装水不渗漏，摆放不变形，使用很方便"的这个标准，就只能配选软实木材料，而选配硬实木材和人造板材是不会符合要求的。可供配选的软木类材料有杉木、泡桐和红松等。如图 3-12 所示。

　　单体式和组合式的木制品(家具)在制作时存在较大区别，因此可以应用式样法来配选木材料。一般单体式木制品(家具)的制作比较简单，使用功能不多，其需要配选的木材料就比较单一，只要从制作方便入手，配选单一的人造材或实木软性及硬性材即可。如果是组合式木制品(家具)木材料的配选，就不能配选单一的了。因为组合式木制品(家具)一般具有多项使用功能，既能够单独摆放，也能够组合成一个整体；既可以靠墙面设置，又可以摆放在居室中间，起分隔空间的作用；既可以整体搬运，又可拆卸搬运。那么，为实现这么多的功能，还要不失结实和美观的装饰作用，其木材料的配选需要慎重考虑。既要选配具有不易变形、经久耐用、美观适用这样特征的，又要选配具有独特风格、特色和作用的，还要保证质量及安全要求，因此选配材质扎实、不易变形的硬实木类材料做框架为好。若是固定于墙面不随便搬运摆放的组合式木制品（家具），除了配选不易变形的硬实木材料外，如果有类似性能的人造板材，也是完全可以选配使用的。只是其组合的制作方法，不是框架榫眼结构，而是应用专用套式螺钉组装而成。组合式家具选用硬实的人造板材组装如图 3-13 所示。

图 3-13　组合式家具选用硬实的人造板材组装

五、结构法配选

结构，即各个组成部分的相互搭配。在家庭装饰工程中和木制品（家具）的制作要求里；确实有着各种形式、工艺和造型的结构。这样，就形成了配选木材料的不同，掌握好这些不同，才会使得木材料的配选做到恰如其分，使装饰工程做得更好。

现有家庭装饰和木制品（家具）结构中，使用得最多的有框架式、板合式、折叠式和曲木式等。这些结构的制作方式不一样，就造成了配选木材料的区别。传统框架式结构中主要是榫眼结合的木质家具，其配选的木材料是很讲究的。由于此类家具造型多姿多彩、古色古香、巧夺天工、经久耐用、品性庄重、姿态沉稳，若是以这种结构制作仿古家具，不是一般的实木材和人造板材能达到要求的，而必须是硬杂类中材质特好、珍贵稀少、纹理清晰、色泽耀眼的实木材料。这些实木材料有国产的，如樟木、楠木、榉木、柞木、水曲柳和荷木等，也有进口的，如橡木、紫檀、柚木和红木等。使用这些硬实木材料加工框架式家具时，好锯榫头，好凿榫眼，结合牢固之后不容易松动、开裂和断榫头。不过，也有些硬杂木材做框架式家具就不好操作，比如檀松木材。这种木材料质地硬朗，锯割、斧砍和刨削加工都不容易，尤其是锯榫头与凿榫眼组装成框架式结构，需要小心操作，不能有丝毫的粗心大意，若是榫头稍大一些尺寸，结合时容易开裂；榫头稍小一些尺寸，结合后的框架又容易松动，达不到质量要求。因而锯榫头和凿榫眼都必须恰到好处，这样组装的框架式的结构才能够保障质量，制作出的家具才会令人满意。传统框架式结构如图 3-14 所示。

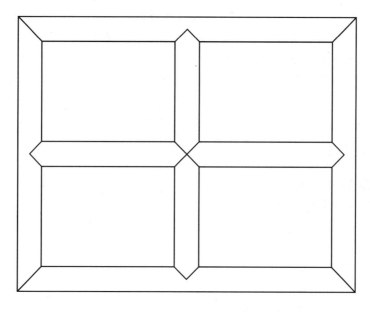

图 3-14   传统框架结构

不过，作为制作的框架式结构，传统的框架式较现代的框架式显然要复杂一些，其配选的木材质量也要求高一些，故而结构观赏性同样要好一些，主要在于每一个结合部位以45°方式组合，只有木制硬而细腻，加工制作出来才会显得美观与结实。如果配选软质木材料加工，制作的效果就得差多了，甚至还会出现组合的问题。如果采用现代框架式，是以直边直线相组合，其组装成家具质量和观赏性是不如传统框架式结构的，故而在配选木材料上也没有那么严格，既可配选硬质实木材料，也可配选软质实木材料，同样还可采用人造材来替代的。现代框架式结构如图 3-15 所示。

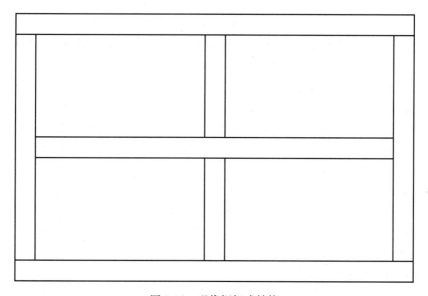

图 3-15   现代框架式结构

在木制品（家具）和装饰上，采用板式方式的越来越多，尤其是装饰性人造板材生产和应用成功之后，几乎在装饰家具上都是采用板材式结构，很少再采用框架式结构了，而且配选的木材料也大多是人造板材。这种人造板材既有装饰性的，也有非装饰性的。应用非装饰性板材制作加工木制品（家具），不是在现场做喷涂，就是给粘贴上玻纹软片，显得简单明快，经济实用。其组装方法也很省事，既不要榫眼结合，也不要钉胶结合，而是采用专用性连接将各部位结合起来，就成为了板式结构。这种板式结构具有结构简单、拆装方便、功能多样化等优点。不过，也有在现场根据实际面积用钉胶结合方式加工制作壁式家具的。这是充分利用人造板材幅面大、变形小、表面平整光洁和无异向性的特征，为加工制作带来了方便。现场装饰，或粘贴饰面纸，或涂饰喷涂，能够给家庭装饰风格造成一定优势，做到色泽统一、纹理清晰、涂饰简便，为家庭装饰工程上品位、出特色、好鉴赏创造条件，值得推广应用。如图 3-16 所示。

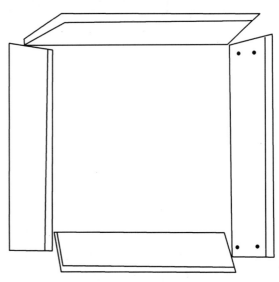

图 3-16　板式结构

对于曲木式结构装饰和木制品（家具）的配选材，主要是根据结构性能来确定的。这种结构件大都是经过配选软木材或给予软化处理再弯曲成形，或采用多层胶合板加压成型而组合成的装饰造型和构成的木制品（家具）。这种曲木式结构工艺简单，造型美观，对配选木材料有着严格的要求。有用软实木材料加工制作的，也有胶粘造型的，但大多数是用人造材机械压制或加工成型的，用于家庭装饰的顶面和墙面造型，或是专门应用于仿古家具，都具有其特有风格，受人青睐。

有一种用曲木方式组合家具及日用品的民间方式，可显现出浓厚的乡村气息，因此被现有家庭装饰广泛采用。其配选木材料是针对装饰需要来确定，有配选硬实木材料，以制图方式装配成曲木式结构的；有配选软实木材料，经过加工制作，成为曲木形状，做装饰造型和木制品配件使用的。但大多数是选购用人造材机压成型的曲木式组合结构。但这种方式受到曲木式样的局限，不如由自己加工制作的那样称心如意，有选择和发挥的空间。曲木式结构如图 3-17 所示。

在利用结构配选木材料上，还有一种为折叠结构。这种结构的木制品（家具），有着结构精巧，占地少，提携方便，使用舒坦和造型变化多端等优势。配选木材料时，针对结构使用要求，多选用硬质木材料，使结构能结实耐用，变形小，加工性能稳定，再配以精致巧妙的辅助件。由于这种结构是常动来动去的活结构，其材料必须经得起无数次的折叠、摆动、摩擦和承重，不容易变形和开裂。所用硬实木材其本身质量，不仅要细腻结实，而且没有裂纹，才是符合要求的。人造材料也可以用来制作折叠式结构，只是这种材料加工制作比较那些的硬实木材料还要困难，因而采用的不是很多。拆卸式柜与折叠式椅多选配不变形材料如图 3-18 所示。

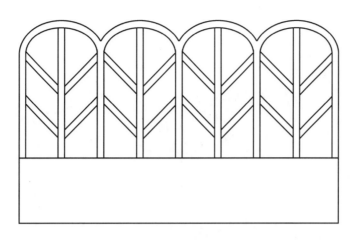

图 3-17　曲木式结构

六、结合法配选

结合，即联合，这是木制品（家具）制作离不开的手段，它是一种把各零星木材通过榫眼、螺钉、圆纹钉或胶粘剂等，组合成设计图纸要求的图案、结构和整体工件的做法。

从长时期的实践中得知，钉结法和胶结法这两种结合方法，比较适合于软实木材料和一般性人造木板材，如果配选硬实木材料，无论是使用钉结合法中的螺钉、圆纹钉与螺栓结合，或是采用竹、木钉结合，做出来的质量都不如软木材的质量效果好，结合起来还比较费劲，不能如人意。同样，配选硬木材料采用胶结法，也不如软木材料和人造板材的质量好。主要在于软实木材料吸附胶粘

图 3-18　拆卸式柜与折叠式椅

剂的能力比硬实木材料要好得多，因为硬实木材的质地比软实木材致密，不容易吸附胶粘剂。这样，在采用结合方法装配木结构时，常常将钉结法和胶结法配合着使用，以提高木结构结合的稳固性和可靠性。采用钉胶结合法组装家具如图 3-19 所示。

榫结法即采用榫头与榫眼相结合的做法，在配选木材料方面，一般是采用硬性实木材料制作，软性实木材料配选得不是很多。在制作板式柜、箱和装饰件结构时，大多采用燕尾榫和细齿榫的做法，很少采用直榫眼相结合的方法。做传统式的仿古家具，必须配选硬实木材料，采用榫眼结合，并且大多是采用双榫头和双榫眼结合的做法，以保证结合牢靠。

由此可见，采用什么样的结合方法应该配选什么木材料，或是遇到什么样的木材料就要采用哪一种结构做法，一方面是由装饰和制作家具工艺和技术要求所规定，其目的是确保结构的质量，同时也使制作加工方便省时省力，提高工效，另一方面是由工作经验总结出来的，有由师傅的经验传授的，也有通过自身实践总结的，还有从相关专业书本上学到的。随着对自然木材料资源的保护和人造材的发展，在家庭装饰和木制品（家具）的制作

图 3-19　采用钉胶结合法组装家具

中，应采用结构结合法加工制作所需物品，同时采用一种或多种结合做法进行，使装饰结构和木制品(家具)的结构，既结实牢固，又美观实用，令业主满意。仿古家具采用双榫头和双榫眼结合做法如图 3-20 所示。

图 3-20　仿古家具采用双榫头和双榫眼结合做法

现在家庭装饰的木制品（家具）的结构制作中，不仅采用榫眼结合法，还逐渐地发展到连接件结合法了。采用螺钉与螺钉套组成的连接件结合做法，主要是针对硬塑人造板材、硬质纤维板材等，加工制作板式装饰结构和板式家具十分适宜。因为，人造板材虽然是硬性的，若是应用榫眼结合法，其材质的韧性比不上硬实木材，材料的厚度也很有限，又是局限于做板式结构，而不是做框架式结构，故而采用连接件的结合做法。其连接件均是配套的，其螺钉与钉套的长短和大小都是经过计算，与硬塑人造板材、或硬质纤维板材或胶木板材的厚度正相符合，连接装配后其牢固度是恰当的。如果装配的结构件固定不摆动，其质量是有保障。假若装配的结构件需要经常搬动，那么，需要提醒的是，其连接件就要求配选材质更好一点的，否则就很难达到质量标准了。

总而言之，从结合方法上配选好木材料，其做法并不是一成不变的。既能以结合法配选合适的木材料，又能以木材料选用或变更结合法，只要有利于结构质量，就是可行的。同时，还可以不断地创新结合方法，把家庭装饰质量和木制品（家具）的制作质量提高到一个新水平。门结构采用榫头和榫眼结合与胶粘结合双结合方法如图 3-21 所示。

图 3-21　门结构采用榫头和榫眼结合与胶粘结合双结合法

3.2　石材料配选窍门

石材料的风格独特，在家庭装饰中已被普遍采用，而且其应用的范围也越来越广泛。

以往在地面装饰的过渡板、台阶板到台面板、窗台板等部位，都有采用石材料的了。如今的墙面，特别是电视背景墙面和电视台面上，石材料已成为受人青睐的装饰贴面材料，给人一种耳目一新的感觉。那些独具慧眼的业主，把石晶石一类材料应用于多个方面，作为点缀造型、点缀墙面与地面的用料，给家庭装饰带来新颖感，提升了家庭装饰的品位。因此，掌握石材料配选窍门显得尤为重要。如图3-22所示。

图3-22　堡斯德装饰板材装饰的电视背景墙与台面

一、人造石材配选

人造石材有人造花岗石、真空大理石、水磨石、聚酯混凝石和水晶石等。这些石材料都是以天然石渣为主要成分，再人为掺入不饱和树脂胶加工而成的。这样成板材的石材料比天然石材还有更多利于家庭装饰的优点。人造花岗石就是以天然花岗石的石渣为骨料制成的板材，但其抗压力、耐久性比天然花岗石强。真空大理石是以不饱和树脂和粘合剂，与天然大理石的碎块废料掺合在一起，应用抽真空的做法，减少气孔率，固化成人造石材后，经切割、磨光成为板材料，其强度比天然大理石还强，装饰性也相当不错。水晶石又叫微晶玻璃，是一种极富装饰性又具有优越性能的新型材料，用其做装饰，给人的感觉似玉石那般华丽高贵。还有水磨石与聚酯混凝土，是以往常用于家庭地面装饰的石材料，但如今已不是主要用材了。近年有江西南昌堡斯德创新出的改性亚克力装饰板成为家庭装饰的新亮点。

人造石材各有优点，也各有缺陷。如人造花岗石的硬度比人造真空大理石要大得多，耐磨性也好一些，但由于其麻点太多，装饰效果就远不如色彩清晰、纹理绚丽的真空大理石，因而在高档次、承重性不大和注重观赏效果的家庭装饰中，大多选用人造真空大理石。在采用人造花岗石或大理石时，要发挥其长处，避免其不足：花岗石板材的饰面比天然的要好；真空大理石的硬度和耐磨性也比天然的要强。同时，人造石材料具备辐射少，幅面大与无缝隙的优点，符合"绿色环保"的装饰性能，特别是水晶石在家庭装饰中的点缀效果，更是令人感到石材料配选的奥妙。如图3-23所示。

图 3-23 堡斯德各样式装饰材

对于人造石材料的配选，更重要的是要按照其等级标准来进行选用。从石材料的等级来看，无论是人造石材还是天然石材，都能通过人眼看出其差别来。以 600mm 正方形常用石材料规格为例，一级品的平面平整度偏差与角偏差不能超过 0.6mm，二级品的平面平整度偏差与角度偏差不能超过 1mm。棱角缺陷在装饰面不允许有，在底面若存有，一级品的板材料不得超过其厚度 1/4，二级品的板材料不得超过其厚度的 1/2。对于眼睛能够看得到板面裂纹，一级品的裂纹长度不得超过顺延总长度的 20%，距板材料边缘 60mm 范围内，不得有与边缘大致相平行的裂纹；二级品的裂纹不得超过顺延总长度的 30%。对于石板材板面中间贯穿性裂纹，一级品不能超过 120mm，二级品不得超过 180mm，假若石板材板面的裂纹超过了这一个标准，就不宜选用了。对于石材料的配选，用眼睛观看经过磨光与抛光的装饰面，不能够有明显的砂眼、划痕、色差和纹理被破损的情况。假若砂眼超过了 2mm，划痕刺眼，色差明显，花纹变化大并受到损坏的，都被视为等外品。又如仔细观察装饰面的光洁度时，表面呈现光滑细腻质感，石质颗粒均匀的是好石板材，如果颗粒粗糙，大小参差不等，则石质就显得比较差了。色泽上，人造石板材比较一致，纹理与质地也比较清晰。如果板材的质地细密，敲击声音清脆悦耳，在其背面滴一滴墨水散开得很快，则说明质地好、不吸水，反之就是质量差的石材板了。同样，质地好的石板材，其规格尺寸误差小，翘曲少，优等品的长宽尺寸偏差要小于 1mm，厚度偏差要小于 0.5mm，平面平整度几乎无误差，用眼看不到裂纹，色彩基本一致，板材不缺棱、不缺角，就是值得配选的好的人造石板材了。

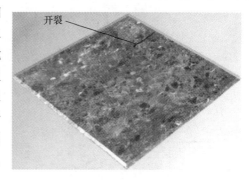

图 3-24 按石板材质好坏配选

所以，对于石材料要从多个层面、多个角度和多个方式上去配选，才能配选到称心如意的板材料。如图 3-24 所示。

二、天然石材配选

天然石历经千百年形成，用天然石制成的板材比较人造石板材有着硬度大、耐压、耐腐蚀，组织细密、坚实、表面光滑和色彩美观等多方面的特征，故而在家庭装饰中得到广泛的应用，尤其是客厅、餐厅、走廊、厨房和阳台等地面和墙面，是首选的装饰材料之一。

　　最常用于家庭装饰工程中的是天然大理石和花岗石两大类。由于产地不一样，以及经历年代长短不一等因素，其已经衍生出上百个、甚至更多色泽和质地的品种，从而给配选带来了丰富的资源。

　　怎样配选好天然石板材，使其能充分发挥优良的装饰作用呢？首先，应当针对实际状况，有的放矢地来配选。如按装饰部位，可视其是在客厅、餐厅、走廊、玄关或阳台等处，进行配选；还可视其是整体铺贴地面，还是部分采用，或是给予点缀，分别对待；同样，对于镶铺墙面的部位，是部分镶铺还是予以点缀。只有分清楚这样一些状况，分清楚不同的需求、工艺及技术要求，配选不同品种的石板材，使其面积、造型、色泽、纹理、大小及形状都符合装饰要求，才算是做出了正确与适宜的配选。如图 3-25 所示。

图 3-25　按家庭装饰风格配选石材

　　有一些情况并不适宜配选天然石板材。像有老人年纪大了，身体不好，走路不方便，其住处最好不要配选石板材，以免老人摔伤和遭受辐射。同样，对于小孩的住房，亦不宜采用天然石板材进行装饰。为避免老人、小孩受不良影响，可在客厅、餐厅、玄关或走廊的一个墙面，以造型或点缀的做法，镶贴大理石，而不要镶贴花岗石，因为花岗石的辐射大于大理石，因此切不可为美观而影响到身心健康。

　　配选天然石板材时，还要注意不要过分增加楼体重量，要适可而止。天然石板材的重量比较其他装饰材料要大得多，所以，对于这一类石板材的配选宜少不宜多，宜精不宜杂，宜分散不宜集中，这样才有可能既减少安全隐患，又确保家庭装饰的美观。如图 3-26 所示。

图 3-26   有针对性地配选石材

三、色彩协调法配选

应用石板材装饰家庭新居，主要在于创造一种亲近大自然的感觉，给家人带来自然美的享受。必须承认，无论是天然石板材，还是人造石材料，其色彩协调的作用都不可小觑。因此，应当充分地利用色彩协调的作用，提高装饰的品位与吸引力。

虽说，石材料本身的颜色并不绚丽多彩，反而显得清淡。不过，从天然石板材的自然清新，到人造石材料的多色多姿，还是能起到相当的协调作用。特别是人造石板材的多品种与多色彩，还有水晶石作为家装石材料的广泛应用，其色彩的协调作用日益明显。发挥想象力，做好色彩的配选，能给家庭装饰带来意想不到的效果。现有的家装实践中，就有不少成功的例子，不仅可利用石板材的特征配合墙面、地面和顶面装饰风格，给人面貌一新的感觉，而且还可利用其色泽与花纹，给整个装饰效果增色添彩。如家庭装饰整体反映的是以暖色调为主的现代风格，那么，在配选石材料的色泽时，就以浅黄色、白色为好。如客厅、餐厅、玄关和走廊的墙面是以白色调为主，后配饰是古典风格，那么用石板材铺贴地面时，则以浅红色人造花岗石或大理石板材为佳。如装饰的墙面、顶棚面为木本色时，在地面铺贴的石板材，当以配选浅黄色或土黄色的给予协调，同时，在配饰家具色彩时，也尽可能多选择浅豆黄色的，这样，就可以使得整个色彩风格比较统一。如图 3-27 所示。

有时，为突出某一个部位，呈现亮丽之点，也是用色彩协调法达到目的的。协调色彩时，既可用石板材的对比色做法，又可用石材料的类比色方法，使协调的色彩呈现出格外引人注目成效来。如镶贴的地面是白色的中心，便可在边缘围着中心贴面镶铺深红色石板材，反之，在中心面镶铺深红色石板材，而在其四周围铺贴白色的同类材，这样使用对比色呈现出的现代装饰风格，会给人一种激情和喜悦的感觉。

同样，一个白色的电视背景墙面，在其两边墙面各镶贴 600mm 左右的淡蓝色水晶石片，水晶石的淡雅与晶莹，为整个电视墙面衬托出清新而又活跃的氛围，加上紫色灯带的

图 3-27　绿色墙面与白色台面在黄色灯下显得非常美观

烘托与吸顶灯的清亮，还有淡黄色的筒灯的墙面反射，使得整个客厅立即呈现出典雅而华丽的装饰效果了。

　　应用色彩协调法，在客厅或餐厅的一个墙面上，或 1/2、1/3 的墙面面积上，用点缀的做法，配选很有特色的大理石或花岗石板材进行多形式、多花样和多造型的铺贴，一定能给客厅或餐厅带来不同寻常的装饰效果，为整个家庭装饰增光添彩。如图 3-28 所示。

图 3-28　墙面上做色彩装饰

本来，石板材给人一种亲近大自然和清新清凉的感觉，但如果能善用色彩协调法配置，可以使亲近大自然的感觉依然存在，而清凉之感变成温暖的感觉了。例如在地面铺上本色的木地板，将粉红色水晶石镶贴于电视背景墙两侧面，中央背景墙面涂饰白色乳胶漆，顶棚白色面，配饰米黄色吸顶灯光，背景墙顶上是浅黄色筒灯光，家具主要配色为赭石色，再加配上红、绿植物，那么，整个居室一定会洋溢着喜气洋洋、温暖如春的气氛，根本不会有石板材冷冰的感觉了。

要充分利用石板材的大气与色彩给家装氛围增添和谐性。如地面与顶面都是乳白色，形成上、下呼应，那么，在宽大的窗台面就铺贴灰白色的大理石板，给墙面涂饰淡蓝色彩，这样会使整个居室呈现出一种宁静、和谐和舒适的氛围来。如果在后配饰上再配备黄与蓝的家具和布艺物，就更会使整个家庭装饰既不失安静和谐，又具有灵动的效果。如图3-29所示。

图3-29　水晶色彩呈宁静感觉

四、保健防害法配选

所谓保健防害，就是要防止装饰材料有害物的影响与危害，以免损害身体健康。这里主要说明如何防止石材料的危害性，既要配选好家庭装饰用的石材料，又要不受或少受石材料对人身健康的伤害，实现"绿色环保，健康装饰"的目的。

首先，必须从保健防害的角度出发，配选装饰的石材料和其他材料。绿色环保材料又称生态健康材料，是指无污染、无毒害与无放射性的、有利于环境保护和人体健康的装饰材料。家庭装饰的石材料中，对人体有伤害的主要是花岗石和大理石等，而这种伤害性的放射性物质，天然石比人造石的含量要大一些。从现有检测中得知，石材料放射性物质最主要来源是花岗石和瓷砖等装饰材料。从国家有关装饰石材料的抽查结果可以知道，由于花岗石产地环境的不一样，其放射性的强度也不一样，但比大理石的放射性要高一些。放射性强度超标，就对人体健康构成伤害；放射性强度不超标，就不会造成对人体健康的伤害。大理石材的放射性基本上不会造成对人体健康的影响，特别是人造真空大理石、水晶石和水麻石等石材料，用于家庭装饰一般是可放心的。人造花岗石材也同样是可以配选为装饰材用的。用于家庭装饰的水晶石，一般是人造的多，其主要成分为玻璃与有色物质，不会对人体造成伤害。即使是真正的水晶，也不会对人体构成伤害。

应用保健防害法配选材料，业主和装饰专业人员都最好不配选或少配选含有有害物质的装饰材料，对于普遍认为无害的又确实由国家有关部门经检测证实了的，的确为"绿色环保"的石材料或其他木材料、瓷质材料与塑质及金属材料，可放心采用。如图3-30所示。

图 3-30　防害保健选材装饰

3.3　壁饰材配选窍门

壁饰材，即做墙面的装饰材料，在家庭装饰中得到了广泛的应用。在多年的使用过程中，从形式、材质、花色品种到操作工艺和技术，都已经很成熟了。和有色彩的涂料相比较，对环境的污染和对人体健康的副作用要低得多。用现代的壁饰材料进行家庭装饰，装饰的效果花色艳丽，丰富多彩；施工也很方便。其品种有塑料墙纸、织物墙纸、植物纤维墙纸、金属墙纸和无纺壁布、纯棉壁布、锦缎壁布、化纤壁布、丝绸壁布等。在配选这一类壁饰材时，应当针对不同装饰风格、特征和要求进行配选，才能更好地发挥其装饰作用。如图 3-31 所示。

一、采用形状法配选

壁饰材的品种和形状丰富多样，从颜色、花型到图案，可以任意选用。采用形状法配选壁饰材时，首先要注意产品批号的一致性，这对于提高壁饰材的装饰效果是很关键的。有时，虽然选用的生产编号是一个，但由于生产日期有所不同，在色泽、图案或花纹上有可能出现细微的差异，这是常有的事情。不仔细辨认清楚，往往在粘贴到墙面之后，因为环境、光线和粘贴手法不一样，给观赏与使用造成不舒服的感觉。选购每一卷壁饰材时，不仅编号要一样，而且批号也要相同。如图 3-32 所示。

配选壁饰材时，更重要的是针对不同情况，选用不同的壁饰材。如一间顶棚较低的居室，本来就给人一种压抑感，此时若配选全冷色的壁饰材，只会带来更大的压抑感。如果能配选暖色调、竖线条的壁饰材，如淡黄色底面、橘黄色竖线条的壁饰材作粘贴装饰，立即会给人一种空间变高了的舒适感觉。

图 3-31　湖南长沙艺涂美墙面装饰系列新材

图 3-32　形状法要注意产品批号的一致性

　　同样，狭窄阴暗的居室，也不能配选灰冷或冷绿气息的竖线条壁饰材，即使是橘黄、黄色等暖色调的竖线条壁饰材，也不能消除狭窄阴暗的感觉，反而会加重了狭窄之感。而配选暖色调横线条的壁饰材，才有可能使得狭窄阴暗的空间产生出光亮宽敞的感觉了。对小面积或光线暗的居室，可以配选图案小而清淡，或颜色较浅的壁饰材，可给人以敞亮与宽大的感觉。对面积大或光线亮的居室，则可配选图案大而花样艳丽，或颜色较深的壁饰材，使得居室不再松散而显得紧凑又华丽。对居室外郁郁葱葱、居室内光线不强的环境，配选的壁饰材应以暖色调或浅颜色为主，图案花样宜大一点为好；若是居室外环境优美、花朵艳丽、树木葱葱，居室内光线明亮、空间适中，配选的壁饰则应以冷色调或深颜色为主，花样图案不宜太大而应选中等形状的；若居室空间大，则应配选小而清秀的花样图案为宜。此外，还要注意灯光的搭配，客厅搭配紫色灯光为主的灯饰和黄色的筒灯或壁灯；卧室则以黄色灯光为主。如图 3-33 所示。

图 3-33　配选的壁饰与装饰风格协调一致

此外，如果居室处于当阳地段，客厅适宜配选冷色为主的壁饰材，能给人以清爽舒适的感觉；卧室则适宜配选暖色调的壁饰材，会营造出一种温馨而浪漫的氛围。倘若居室处在较阴冷的位置，那么，无论是客厅还是卧室，应当配选以暖色调为主的浅色壁饰材，以营造居室内热烈、活泼和朝气勃发的氛围。如图 3-34 所示。

二、采用色调法配选

色调法配选，即指在装饰工程中应用各种色彩，凭借其深浅与明暗，暖色与冷色，色泽与花色等手段，调配出对比或类比的装饰效果。这是借助绘画用语，比喻利用壁饰材的色彩与图案花形的作用，既达到与家庭装饰整体相协调的效果，又凸显壁饰材的独特品位，提升装饰效果。

现在的家庭装饰很是看重个性化，每一种装饰都要体现出自己的风格和特色，讲究个人的格调。然而，从家庭装饰的整体要求来看又要强调风格统一、格调统一和特色统一，尤其强调色彩的协调，不能太杂乱。这对于配选壁饰材是很重要的，是采用色调法配选以实现其装饰目的的关键所在。如图 3-35 所示。

现在的壁饰材丰富多彩，花色式样很多，为用色调法配选提供了很大的方便。可通过以红黄、橘黄为主的暖色调，以蓝、绿、灰为主的冷色调，结合有印花、压花、发泡等工艺制作成的仿锦缎、木材、石材、花草和织物等具有各种质感的花样图案进行配选，提高家庭装饰的观感与品位，凸现出个性特色。

图 3-34　阳光客厅配选冷色壁饰材

图 3-35　配选壁饰材凸现个性特色

　　配选时，要把握住整体装饰色调的统一，不要破坏整体装饰风格，而只能增强其装饰效果，更凸现出和谐的氛围。对于客厅、餐厅、卧室及玄关、走廊，因为各方面的用途不一样，可选择不同色彩和花样的壁饰材，但应注意不能显得色彩杂乱，整个装饰色彩应搭配有序，和谐统一。配选对比色调平均式的"两大块"往往没有"点缀"的配选做法好，后者体现出来的色调效果会鲜明得多。同是应用暖色调装饰客厅与餐厅，若采用深红色与黄色搭配，不要说是大面积相互对应着时不好看，就是以点缀式做法对比着，都显得不协调。

给客厅电视背景墙配选金黄色的壁饰材，与淡黄色墙底面成为类比色调，可有一种"金贵"协调的感觉。如果在卧室墙面配选的是全部深绿色调的壁饰材装饰，那无论如何说不上是一种协调的搭配，会给人一种太凝重而不匀称的感觉，而如果配选淡蓝色调的，则会使得整个装饰色调更清爽温馨。如图 3-36 所示。

图 3-36　给电视背景墙配选金黄壁饰材

采用色调配选的做法，即使是配选同一种类的色调，若在壁饰材的材质上配选不一样的，那么，产生出来的装饰色调感觉也会有很大区别。如塑料或纤维类壁饰材的色彩与锦缎、丝绸类壁饰材色彩，前者显得平常，后者则显得富贵华丽。这样，如能针对不同光线，巧妙地加以配选，得到的装饰效果会迥然不同的。

现代装饰风格，其色调都是通透通亮的浅色，加上居室的光线很明亮，其整个装饰格调都处在一个"暖色"的环境下。那么，为了使得整个风格具有更高的品位，一方面可配选相近色的淡蓝色壁饰材装饰电视背景墙，产生一种淡雅与清秀之感；另一方面，则可给电视背景墙配选墨绿色或深绿色带印花的壁饰材装饰，这样反映出来的是一种自然、高雅和文静的味道，使人感到清静舒适。若装饰风格是古典式的，其配选的壁饰则多用栗色与赭褐色，但显得过于一般化。由此可见，采用色调法配选，一定要大胆，在实践中多总结提高，做出个人特色。如图 3-37 所示。

图 3-37　壁饰材配选体现品位

三、采用点缀法配选

点缀法配选，虽然也是利用壁饰材的色彩来呈现装饰效果，但却有其自身特点的。一方面它不是完全利用色彩和花色起调节效果，还会用到不同材质来点缀，使整个装饰风格发生变化；另一方面则是它既提高装饰品位，又可节约资金，降低成本。这些都是这一配选方法的特殊性。

值得注意的是，为使点缀法配选收到最佳效果，首先应当把好壁饰材的质量关，挑选正规厂家与品牌产品，这样有利于高效、正确使用壁饰材。另外，作为装饰专业人员或业主，对于挑选的壁饰材要用眼看、手摸和鼻闻的方式，全面地检验一下产品质量的优劣，千万不要用那些色彩混浊、有折印和褪色，甚至有刺鼻气味，质地粗糙的不合格品。如图3-38所示。

图3-38　把好壁饰材质量关

用点缀法配选饰材，要善于针对各个不同情况，有的放矢地进行。如客厅、餐厅、卧室、走廊、玄关或书房、活动房等，用途各自不同，既要注意给整个装饰格调提供良好的配饰效果，起到画龙点"睛"的作用，又要考虑周全，给后期配饰留下充分的空间和余地，以利于使壁饰材点缀与后期配饰达到和谐统一的效果。

例如针对家庭居住环境、人员情况和生活习惯，以及对色彩、花色与式样喜好要求来配选壁饰材，给予点缀做法一定会产生出不同寻常的好效果。如住宅处在多雨潮湿地域，要想配选的壁饰材更具有点缀的价值，应以配选玻璃纤维印花类壁布最适宜，无纺壁布和塑料墙纸等也比较适合。因为这些壁饰材耐潮性强，耐湿性好，可以擦洗，对于沾上的水珠与潮气，能用擦抹的方式去除掉，可减少湿气与潮气带来的麻烦，还不影响到壁饰材的使用寿命，从而确保壁饰材的装饰效果。显然，对处于这类地域的家庭装饰是不适宜于大面积地使用壁饰材的，而只能采用点缀法的做法了。

假若住宅处在噪声大、来往人员多的环境中，而家中孩子又很小，则配选的壁饰材也是不宜复杂的，最好是以点缀的方式来使用了。配选的壁饰材在色彩上要很有特色，同时应是无毒、无味、耐磨、不产生静电、不褪色、吸音效果明显、透气性很好的人造纤维壁布与壁纸、纯棉壁布、织物壁布与壁纸等。如图3-39所示。

采用点缀法配选壁饰材，既要体现出家装的个性，又要表现出业主的个人品位来。在配选壁饰材时，要精选精求，既要考虑到色彩和花样，又要考虑到业主的习惯喜好，还要考虑到材质的优劣等多方面的因素，才会配选到最为合适的壁饰材。如业主喜好现代风格，在配选可多选用暖色调中深色彩的，冷色调中浅色彩的做点缀装饰。如业主想利用壁饰材的优势，在进行点缀装饰后起到吸音、隔热、保温的目的，就需要配选植物纤维墙纸、织物壁纸、塑料墙纸或丝绸壁布等。特别是女性居室壁饰材的配选，为让其具有新潮感、浪漫性，应在色彩和花色上多下点功夫，还应在胶贴形式上有所创新。对儿童居室胶粘壁饰材，则应在安全上多做点文章，一方面给儿童带来趣味，另一方面色泽不要太刺眼，要柔和，多一点暖色调，少一点冷色调。如图 3-40 所示。

图 3-39　点缀起到装饰画龙点"睛"功效

图 3-40　点缀做法具有新潮感

四、采用工具配选

粘贴壁饰材的常用工具有排刷、胶刷、压碾辊子等。排刷是用来把壁饰材平整地刷在墙面上，而不会刮破壁饰材的；胶刷是用来给粘贴的墙面和壁饰材刷胶的，使胶液均匀地涂刷上去，为胶粘打下良好的基础；压缝辊子是用来辗压壁贴材，使之平实，接缝严密；修边刀则是用来修整踢脚板、顶墙角边、门后边、窗框边、各顶墙边、顶角边、阳角边及阴角线的。再则是辅助工具如线锤与粉线，是用来找垂直和做弹线的。如图 3-41 所示。

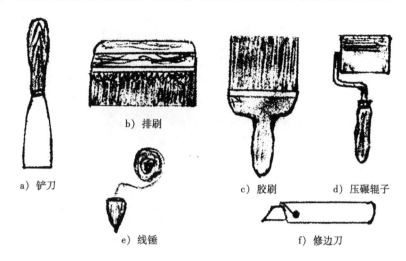

a) 铲刀　　b) 排刷　　c) 胶刷　　d) 压碾辊子　　e) 线锤　　f) 修边刀

图 3-41　粘贴壁饰材各种工具

这些工具虽然简单，但在粘贴壁饰材时，若能巧妙应用，就能把看似简单活做出高质量与高标准来。粘贴壁饰材不仅要用铲子把墙面的不平和毛刺铲除掉，将沙眼填平整，并将墙面打磨干净，而且要给粘贴的墙面涂刮腻子，形成一个平整光滑底面，使粘贴的壁饰材不会因基层面差而影响到装饰效果。特别是名贵华丽、质地细致高雅的丝绸、锦缎与织物类壁饰材的粘贴，更是要讲究基层面的质量，不能有丁点儿的粗糙感。

粘贴壁饰材时，除了要善于使用前述的工具外，有时还得使用直尺和砂布之类的辅助工具，以备在边接缝、门与窗框边裁割。电器开关与插座开口处必须揭开面盖后割裁整齐，再盖上面盖有利于粘贴质量。对于图案花纹的壁饰材的粘贴，为确保接缝不影响到图案花纹的完整性和装饰效果，就不再从门框边开始粘贴，而是从主墙面的中心部位，或者是从电视背景墙面中心开始，向两边面进行粘贴，使接缝的图案花纹拼接成一个完整的版面。如图 3-42 所示。

每粘贴一张壁饰材，都需要使用辊子反复地进行辗压。尤其对于边角与端头处，还要用手指或手掌进行压实。因为这往往是排刷与辊子不能发生作用的地方，也是最容易存在粘贴不实、质量隐患的部位。所以，不仅工具要相互配合使用，还要做到眼到、心到和手到。对于墙壁不规整，顶棚处阴角不很规范、呈

图 3-42　粘贴壁饰材须平整

弧形，阳角不垂直等情形，壁饰材的端头或边线就不能用直尺画线割裁了，而必须留有一定的余地，待粘贴完毕后，再按照实际边线进行割裁，才能保证接缝的准确。对这些不规则的阳角边和阴角线，在做基层面处理时，就要进行纠正与修理。为把墙面做好，有必要用靠尺(一种测验墙面平整垂直的专用工具)或沿垂线找出规范点，画出规范线，然后再按照规范线的标准修正并补齐缺陷面。如果墙面与规范相差太多，就只能按照实际面进行粘贴割裁，才能够保障粘贴质量少出纰漏了。同样，对门框与窗框边的粘贴，也最好按实

际割裁法更合适些。如图 3-43 所示。

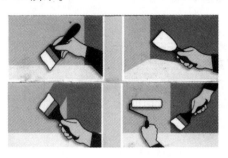

图 3-43　粘贴操作必须规范

3.4　胶粘剂配选窍门

胶粘剂在家庭装饰中的作用日益重要。但是，一些人并没有重视胶粘剂的作用，究其原因，主要是对胶粘剂的特性和使用方法了解不够。本节重点对各胶粘剂性能、特征、功能和使用方法进行介绍，期望读者特别是装饰专业人员和业主能从中得到启示，熟练地掌握胶粘剂配选的技巧。

一、胶粘剂性能把握

家装中的壁饰材、木竹材、石料材、玻璃材、陶瓷材和缝隙堵漏等，都要用到胶粘剂。因为各材质不一样，故而适用的胶粘剂性能是不相同的。要使配选的胶粘剂适应使用要求，就得从其性能着手，才会易见成效。

应当记住，无论何种胶粘剂，都是以成膜物质即以粘料作为主要组织成分，使之具有粘附性能。胶粘剂是由多种物质组成，在粘结（接）各种装饰材的时候，要了解和掌握胶粘剂的性能，准确无误地配选质量合适的胶粘剂。如图 3-44 所示。

图 3-44　广东金万得品牌胶粘剂系列

胶粘剂的粘料，即粘合物质，是胶粘剂的基本组织成分，是对其性能起决定性作用的材料，通常为天然高分子化合物，如蛋白质、动物皮肤、骨胶、淀粉以及天然橡胶等；合成高分子化合物，如酚醛树脂、聚醋酸乙烯酯和氯丁橡胶等；无机化合物，如磷酸盐、硅酸盐等。

由于粘料的成分不同，也就决定了其性能的不同，同时加入填料、硬化剂、催化剂和各种溶剂，就更加使各胶粘剂的性能不一样，其适宜胶粘的材料也会有明显的区别。如加入填料，既可改进胶粘性能，增加黏度，使之符合粘胶要求，又可改善胶粘剂的抗剪、抗拉、抗压和抗冲击等多项性能，还可改变胶粘剂的物理机械性能。填料加入得好，可提高胶层的抗压抗弯性能，减小体积收缩率，增加弹性模量与硬度，提高耐温度和耐介质性能等，同时又可赋予胶粘剂以高绝缘、导热电和导磁等特殊性能。

如加入硬化剂和催化剂，可提高胶粘剂的硬化程度，加速其硬化过程。这样，按照使用说明书，选择不同的硬化剂和催化剂，以及不一样的用量，对胶粘剂的性能都是有很大影响的。

而加入溶剂，则是由于溶剂型胶粘剂需要溶解粘料，调节黏度，以保证胶粘剂的使用效果。加入溶剂主要是根据各胶粘工艺和技术要求，适当地加入起不同作用的助剂，使得其胶粘的性能更符合各种胶粘材料的需求。

如配选的胶粘剂挥发太快，性能较脆，刚性偏大而塑性不足时，就要适时适量地加入增塑剂，以提高其挥发难度和改进固化后胶层的综合性能，以及粘接（结）部位的抗震、抗疲劳和耐寒等性能。

加入偶联剂，这是热固性胶粘剂中常使用的重要助剂。一方面可与被粘物体产生化学键合，提高其粘结力，另一方面又可与胶粘剂本身发生化学作用，提高粘接接头界面的结合力，从而提高粘接强度和其他方面的性能。

加入稳定剂、防老剂和抗氧剂等，其目的在于提高胶粘剂的稳定性，使其耐湿热性能得到明显改善，同时也使得抗氧化能力进一步增强。值得注意的是，在胶粘剂中加入稀释剂，虽然可改善胶粘剂的性能，增加流动性和流平性，提高粘结率，改进韧性，调整使用期和固化速度以及其他特种功效等，但同时也增加了胶粘剂的副作用，如丙酮、甲苯和二甲苯等，都是有害于人身健康的。

同时，还可在胶粘剂中加入其他的附加剂，如抗紫外光线剂，淀粉胶粘剂中加入的防霉剂和杀菌剂，防燃烧的阻燃剂，提高耐磨性能的抗磨剂，以及根据需要和使用性能加入的增色剂。增色剂分为有机染料与无机颜料两大类，如白色的有钛白粉、氧化锌，红色有氧化铁红，还有绿色、黄色、蓝色和棕色等，按需适当加入即可。如图3-45所示。

二、胶粘剂特征把握

把握好胶粘剂的特征，对于配选装饰材料就可做到心中有数。

环氧树脂，是一种具有很强粘合力的胶种。在环氧树脂的化学结构中，含有脂肪族羟基、醚基和极为活泼的环氧基。羟基和醚基有很高的极性，能使环氧树脂分子与相邻界面产生电磁力，而环氧基因可与介质表面的游离键起反应，形成化学键，这些都使环氧树脂有很强的粘合力。它能粘结所有的木质、竹质、塑料、金属、橡胶、皮革和混凝土等材料，有"万能胶"之称。

环氧树脂可调配成不同黏度，稀的如水一般，稠的可如膏状物，还可制成胶棒、胶膜

图 3-45　针对胶粘性能添加不同辅料

和胶粉，使用都很方便。固化后的环氧树脂机械强度高、耐介质、耐老化、可进行机械加工。其来源广泛，价格较便宜，为家庭特色装饰中首选的胶种。如图 3-46 所示。

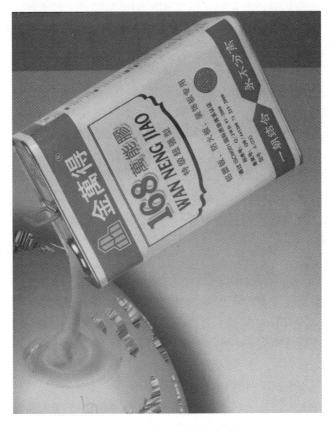

图 3-46　广东金万得牌万能胶

磷酸盐胶粘剂是耐高温的胶粘剂中很重要的一类胶种。胶粘剂由酸式磷酸盐、偏磷酸盐等，或直接由磷酸与金属氧化物、氢氧化物等反应产物为基料组成。并可根据使用要求加入氧化硅、氧化铝、云母等填料。

由于磷酸盐类胶粘剂对陶瓷、玻璃和金属等材料有着好的粘结强度，故而在家庭装饰中得到广泛的应用。同时，这种胶粘剂具有耐水性好、固化收缩率小、耐温度性强的特点，并可在较低温度下进行固化。目前，主要有硅酸盐—磷酸、酸式磷酸盐等多个品种，是家装行业中被普遍使用的胶粘剂。

有机硅耐高温胶粘剂，是以有机硅为主要原材料调配成的。其主要有耐高温的特征，通常可在550℃温度下较长时间地进行应用，短时间里可在1000℃高温下使用，其热分解温度高，热稳定性较优良。既可粘结多种金属材料，又可粘结玻璃、陶瓷等非金属材料，有着良好的机械强度和较好的耐疲劳强度，并且具有耐燃料油和油脂等介质的性能，以及优良的电绝缘性特征。但其胶层性能较脆，因而经常加入其他树脂来改变性能，提高其胶层韧性，胶粘的效果会更好一些。

对于瞬干胶的配选，要针对家庭装饰材料的要求进行。这类胶种是由氰基丙烯酸酯为主要粘结料而组成，固化速度很快，通常只需几秒钟时间就能完成固化，这是其他胶种所不具备的特征。

瞬干胶粘剂粘结的范围很广泛，几乎对所有的材料都具有良好的粘结力。并且，粘结异种材料的强度还要大于同种类材料的强度，如塑料与塑料的粘结强度反而低于塑料与橡胶的粘结强度。这种胶粘剂还有个明显的特征：被粘物表面的极性越高，其粘结强度越好。且韧性材料的粘结强度往往高于刚性材料，因而经常用于橡胶与混凝土和金属等的粘结。同样，这种胶粘剂粘结致密材料的强度大于松疏材料的强度，粘结无定形材料的速度则大于粘结结晶体表面的速度。如粘结玻璃、橡胶的速度要大于塑料的粘结固化速度。瞬干胶粘剂无色透明、固化后气密性好，比较容易清理干净。其不足之处是耐水性、耐温性较差，性能较脆，不适宜用于冲击力物件的粘结。

其实，在家庭特色装饰中，感觉最好的是聚氨酯胶粘剂。这类胶粘剂性能好，对基材的粘结力高，自身的机械性能好，耐磨、耐水、耐油和并有良好的绝缘性。胶粘容易，可刮涂和刷涂，固化速度可调整变动，用途广泛，除居室、客厅、餐厅和卧室、走廊和活动房使用外，还有用于人造草坪的胶粘。其胶粘工艺简单，操作方便，使用方法易于掌握，主要是根据产品说明书掌握其应用特征，是家庭装饰主要配选的胶种。如图3-47所示。

三、胶粘剂功能把握

胶粘剂具有固定功能，防漏密封功能，防腐保护功能和电绝缘隔热或导电传热等功能。各种功能是随胶粘剂的组织成分不同而有所差异的。

把握胶粘剂功能，为的是在家庭特色装饰中，更加准确、实用和有效地配选胶粘剂。胶粘剂的各种功能是相互作用和连贯在一起实现的。而胶粘剂任何功能的实现，都是从粘结功能开始的。而粘结功能的实现，从现有的研究结果和实践经验表明，主要是依靠分子间的吸引力发生作用。这些发生在被粘结面之间的粘结力，是由次价力（物理力、静电力）、主价力（化学力）和机械力综合组成的。其中，次价力是产生粘结力的主要作用力。而且，这种作用力是随着胶液与被粘结表面间的距离缩小而增大。也就是说，被粘结物的表面靠得越近，其粘结的效果越好。如图3-48所示。

图 3-47　瞬干胶粘剂系列

图 3-48　胶粘要确保质量

　　由此告诉了操作者一个极其简单的道理，即正确配选胶粘剂是一个重要的方面，而更重要的一个方面，是在粘结物件的时候，操作的方法必须正确，要能够采用有效的措施，将两接触面之间的距离尽量靠近，使得胶粘剂与被粘结表面充分地接触，这是获得最佳粘结效果的关键。这样，也为其他功能的最佳实现打下了良好的基础。

　　综合以上介绍，要达到最佳胶粘效果，首先是要正确配选胶粘剂，使其最适合于胶粘物的性能要求，具有最好的粘接（结）强度；其次是施胶和处理补粘物表面的方法要正确有效，不能够发生差错；再次要充分地把握好粘结的各种条件，如温度。各类胶粘剂的粘结温度是有明显区别的，固化的时间也不相同，还有压紧力也大小不一。例如环氧树脂类胶粘剂，在正常室温下，应给予其粘结部位 2MPa 左右的压紧力，所需要时间不超过 24 小时。但若气温降低到 10℃左右，那么，给予的压紧力便需要增大，可提高到 4MPa，其施压的时间同样要延长到 48 小时，才能保证粘结的质量，达到粘结和固化功能的要求。反之，若气温高于正常温度 20℃至 30℃，则在正常压紧力的作用下，粘结和固化的时间会相应地缩短，方能达到质量标准。如图 3-49 所示。

图 3-49　正确选用胶粘剂达到最佳效果

四、胶粘剂使用把握

对于胶粘剂的使用，其前提条件是要配选最适合的胶粘剂。在实施粘结时，主要是要将两个相同或不相同性质的物件连接在一起，实现其有实用价值的力学性能，以保证家庭装饰的质量要求。当粘结件处在外力作用下，能至少保持与装饰件整体的牢固性，不至于在粘结部位发生质量问题而影响到装饰工程的完整性。一般情况下，粘结部位受到如图 3-50 所示的外力冲击而不受损害，说明胶粘剂的使用目标已经实现。

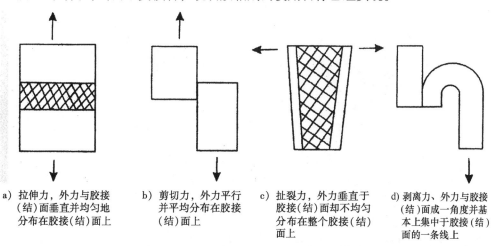

a) 拉伸力，外力与胶接（结）面垂直并均匀地分布在胶接（结）面上　　b) 剪切力，外力平行并平均分布在胶接（结）面上　　c) 扯裂力，外力垂直于胶接（结）面却不均匀分布在整个胶接（结）面上　　d) 剥离力、外力与胶接（结）面成一角度并基本上集中于胶接（结）面的一条线上

图 3-50　胶接部位受外力冲击四种类型

不过，在实际当中，粘结部位所受到的冲击力，其情况往往是很复杂的，不会这样单一。这就要求根据各种实际情况来选择粘结方式，使胶粘剂使用能够达到最好的质量效

果，即使遇到接、剪和压力的破坏，也不会受到太大的损伤，从表面上看不到明显的伤痕。在长期的实践中，有一些成功的方法，可以将受力方向和形式加以改变。如对管道材料的粘结，不再是单一的对接、插接和卡接，而是采用对接时的双插接，插接时的加帮接等，将粘结部位受力形式由单一性的变成了分散性的，即变成了拉、剪结合，或径向与横向结合，使粘结部位能够经受住更大的冲击力。如图 3-51 所示。

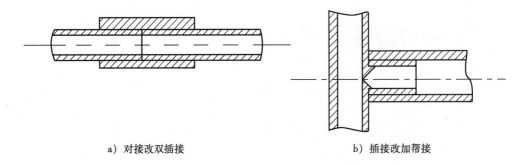

a）对接改双插接　　　　　　　　　　　　b）插接改加帮接

图 3-51　改变管道胶接方式

对于板、枋的粘结，则采用简单又实用的补强方式。其补强方式可多种多样，而补强所用材料也不一定要用同一类的，只要能达到加强粘结的牢固性就好。如图 3-52 所示。

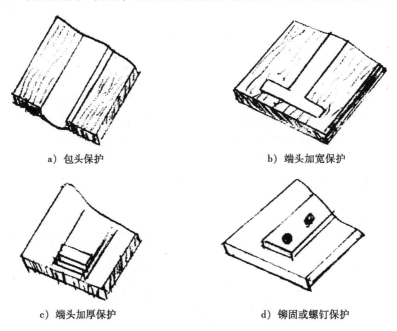

a）包头保护　　　　　　　　　　　　　b）端头加宽保护

c）端头加厚保护　　　　　　　　　　　d）铆固或螺钉保护

图 3-52　平面胶接保护方式

对于胶粘剂的使用，关键在于把握胶粘质量的可靠性，应当按照每一道工序严格把关，既要做到粘结的结构合理，能适应温度、环境和承力要求，又要达到装饰质量的标准，能从美观、合理和实用上挑不出毛病来。若要实现这一目标，施工时应在粘结部位表面处理时起就严格按照工艺和技术要求进行。并且注意针对不同材质，实施不一样的做法。

对粘结部位表面的处理，关系到粘结质量的好坏，丝毫不能马虎。从长期的工作实践中，常见处理方式有溶剂清洗、化学处理和机械处理等方法。然而，具体到各类材料，应根据结构性能、所用胶粘剂的形态和粘结后的使用要求等来进行处理，以求达到最佳的效果。

如对石材、混凝土表面一般情况，只作清除风化层、炭化层和保护层的处理，使之起毛和干净即可。若是要求较高，则要做化学处理，可用稀盐酸(5%～10%)浸泡结合部位，看到起泡后，又用10%氨水或石灰水进行漂洗，再用水冲洗干净，干燥后便可进行胶粘了。

对于玻璃材料，一般的只需清洗干净后即可施胶，如要求效果更好一点，就得采用打磨方式，涂表层处理剂进行处理。其处理剂有有机硅偶联剂，或有机铬络合物。还有用铬酸1份、蒸馏水4份、浓硫酸100份配成溶液，将玻璃放入浸泡20分钟左右，再用清洁水冲洗干净，干燥后便可进行胶粘。

一般情况下，陶瓷的表面处理是用溶剂去污，并打磨，便可胶粘。还可用铬酸1份，水4份调配处理；或是用重铬酸钠3.5份，水3.5份，浓硫酸200份调配后，将用温热清洗剂清洗后的陶瓷，在室温下浸泡10～15分钟，然后用清水冲洗干净，干燥后便可进行胶粘了。

塑料的表面处理必须区别其种类及表面性能进行，若使用溶剂进行处理，千万要注意该溶剂是否对其表面有溶解损害作用，尤其是大面积粘结时，不能用丙酮擦洗处理，而要用其他方法处理。在应用化学或其他处理方式时，应做些试验，有了最佳结果之后，方能进行。同样，对于橡胶的表面处理，亦如塑料一样，应该根据其种类及表面性能选择相应的表面处理方式，否则就会出现问题。如图3-53所示。

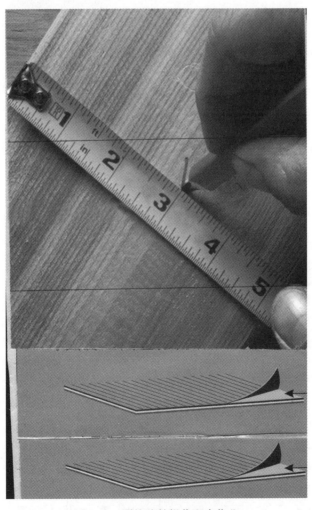

图3-53　严格胶粘操作程序作业

3.5 涂料配选窍门

涂料是家庭装饰工程中的主要材料，其配选得好与不好，不仅关系到装饰工程质量的好坏，而且关系到人身健康和环保。面对涂料生产的迅速发展和业主对环保健康的强烈企盼，更要充分认识到涂料配选的重要性。

一、室内涂料配选

以往，一说到室内涂料，就很自然地想到木质类油漆。如今，木质类油漆如醇酸树脂漆、聚氨酯清漆、磁漆和调和漆及橡胶基漆等，虽然也很重要，但只处于次要的地位了。而原来不怎么打眼的内墙面和顶棚面涂料，倒成为了家庭装饰的重中之重。因为，在现有的家庭装饰工程中，除了很少的储藏柜和木门及门套是现场制作，需要涂饰油性涂料外，相当多的储藏柜、装饰柜、橱柜和木地板、木楼梯踏脚板、木门及门套等，都是成品木制品，不需要再做涂饰。如图3-54所示。

a) 油性涂料   b) 胶性涂料

图 3-54 室内涂料分油性和胶性两大种类

现在，家庭装饰用的内墙胶性涂料(亦称水性涂料)，不仅使用面广，而且使用的品种日益增多。按照其生产工艺、品质性能及使用特征划分，有溶性类、溶剂类、乳胶类和色彩类等10多个种类。用于家庭装饰工程中比较多的品种有：低档水溶性涂料、多彩喷涂料、膏状内墙涂料和乳胶漆等。这些品种各有特色，也各有不足。如多彩喷涂料，经过喷涂到墙面或顶面后，不仅可以形成多色花纹，显得淡雅清秀，立体感强，而且耐油、耐碱，并可以用水清洗，有耐使用的特性，但其含苯量却略高。又如膏状内墙涂料，涂刷后表面光洁如瓷，不脱粉，无毒，无味，透气性好，还价格低廉，但存在着耐温性和耐擦洗性差的不足。

现在家装工程用得最多和最受青睐的室内涂料是乳胶漆。乳胶漆是用水稀释的，是一种白色的乳液，干得快，一般情况下1个小时即能全干，容易涂饰，既可刷涂，又可辊涂，还可喷涂，很是方便。并且没有甲苯、甲醛等有害物质。具有色泽柔和，遮盖力强和清洗简便的特征。同时，还具有无毒无味、不燃性和具有一定透气性的优点。如图3-55所示。

配选乳胶漆时，一般情况下，采用棍子搅的方式，觉得手感阻力大的稠性好，搅动时觉得用力一样的，则证明其稠性均匀，质量较好。

搅过之后，用棍子挑一挑，看看挑起来的乳胶漆能否成流线型地往下流；接着把棍子倾斜着瞧一瞧，如果乳胶漆是很流畅地往下滴，可肯定其质量不仅靠得住，而且使用起来也会顺手。还可用摸和仔细察看的方法，进一步检查乳胶漆的质量好不好。手摸感到细腻均匀又柔软的，这样的乳胶漆质量一定好，黏性比较高。用眼仔细察看，看搅拌好的乳胶

图 3-55 杜邦化工内墙涂料系列

漆是否已均匀，稠度适不适合使用，颜色是不是很纯白。一般色白的为钛白粉与水调合成的乳胶漆，其质量要好于滑石粉或立德粉调合成的乳胶漆。

涂料配选，还需对其颜色进行选择。因为不少的业主很喜欢用色彩装饰，且利用颜色美化室内也非常见效、便宜和美观，色彩调和也很简便。红、黄、蓝三种颜色为最基本的颜色，称为原色；橙色、紫色、绿色称为混合色（即由三种原色调配而来）；其他颜色又由原色和混合色调和而成，称为三元混合色。这样，便可利用这 12 种基本颜色的浓淡、深浅和明暗，调配出各种各样的色彩了。对于家装应用色彩美化居住，涂饰顶棚面要采用最浅的色彩，涂饰墙面宜用稍浅却比顶棚面又深一点的色彩，而对于储藏柜、木门或门套等木装饰的色彩涂饰，可采用深的色彩。但是，有不少的室内装饰风格，如现代风格、欧式风格等，在色调上都是配选浅白色和纯白色的色彩，只是在餐厅与客厅的色彩上稍作深浅的区别，以显示层次分明和风格的变化。

室内涂料色彩的配选，要根据实际情况来把握，不可以全凭兴趣，这主要在于色彩的深浅给予人的感觉大不相同，浅色调比深色调要显得宽敞，同时给人一种愉悦的感觉。如图 3-56 所示。

图 3-56　按装饰要求配选好涂料

二、颜色涂料配选

用颜色涂料来美化装饰、美化家庭和美化居室，可以说是最方便、最容易和最有效的。家庭装饰工程中，人们所见到千变万化的美丽颜色，多是颜色涂料的作用。

一般情况下，使用者可在建材涂料市场选购到红、黄、蓝这三种原色涂料，以及白色和黑色的涂料；或者是由三原色涂料调配出来的橙色、紫色和绿色等间色涂料；或者是由原色涂料与间色涂料相调配，或者是把两种间色涂料相调配，由此调配出的复色涂料。再将原色涂料、间色涂料和复色涂料相互着交错调配，便可以调配出无数种类的复色涂料来。复色涂料中都包含着"三原色"，只是原色成分要多一些的那种，就称为主色调。其他颜色都因成分多少不一而形成多变化的成因色了。如：红色涂料与橙色涂料可调配成橙红色涂料；黄色涂料与绿色涂料可调配成黄绿色涂料；蓝色涂料与紫色涂料可调配成蓝紫色涂料等。只要愿意调配成什么颜色的涂料，就以什么颜色为主色调，再掺入相应的颜色或颜色涂料，便完全能达到目的。如图 3-57 所示。

从实践中有些经验是值得借鉴的，那就是调配和选择的色彩要根据实际环境做一些变化，才能达到理想的效果。一方面，要针对家庭外部环境和光线的强弱程度来把握。若家庭外部环境绿化色彩很浓，居室采光又很好，那么，配选的涂料色彩可以深一点，反之则要浅一点，方能达到配选的要求。另一方面，要考虑到潮湿环境和湿干颜色的些许变化。从经验中得知，潮湿状态下涂料的色彩似乎显得浅一点，干透之后则显得深一点。同样，刚调配成的涂料色彩好像浅一些，涂饰到墙面上干了以后，会比涂饰时显得深一些。对于这一些状况一定要把握好，方有利于涂料色彩的配选更准确和更令人满意。

　　一般情况下，对于颜色的配选，需要记熟一些基本知识，这是有利于日常应用的。如经常见到的红色涂料有大红、朱红、铁红等，用这类色彩涂料可调配出粉红、橙红、玫瑰红、紫红和枣红等色彩的涂料；常见的黄色涂料有中黄、柠檬黄。用这类色彩涂料或色彩可调配出浅黄、橘黄、奶黄和棕黄等色彩涂料；常见的蓝色涂料有深蓝、群青。用这类色彩涂料或色彩可调配出天蓝、湖蓝

图 3-57　根据装饰要求配选颜色

和中蓝等色彩涂料；常见的绿色涂料有翠绿、中铭绿等。用这类色彩涂料或色彩可调配出浅绿、绿豆绿、翠绿和粉绿等色彩涂料；灰色涂料可调配出银灰、浅灰、瓦灰和淡灰等色彩涂料；白色、黑色就几乎可与任何一种色彩(金色、银色除外)调配，可起到调配颜色深浅的作用。加入白色可将原色淡化，改变色彩的饱和度；加入不同分量的黑色，可得到亮度不一的色彩。

　　做好颜色涂料配选，还必须注意到色彩给人的影响，使颜色涂料配选的作用发挥得更好。如图 3-58 所示。

　　如对色彩的冷暖感。由于视觉器官的反应，不同的色彩可使人产生温暖和寒冷的感觉。像红色、橙色，或以红、橙为主的混合色(茶褐色、棕色等)，会让人感到温暖，故称为暖色。蓝色、绿色和蓝紫色，或以蓝色为主的混合色(青灰、蓝灰等)，会让人产生出凉爽的感觉，故称为冷色。而既不属于暖色，又不属于冷色的黑色、白色和灰色，被称为中性色。色彩的冷暖感与色彩的明暗度有关。明度越高，越具凉爽感；明度越低，就具温暖感。色彩的冷暖感还与色彩的纯度有关。在暖色范围内，纯度越高，温暖感越强；冷色范围内，纯度越高，凉爽感越强。这样，恰到好处地应用色彩的冷暖感配选涂料，会收到大不一样的装饰效果的。

　　又如对色彩的距离感，这在家庭特色装饰中也起着非常重要的作用。一般高明度的暖色调，给人的感觉是明显、凸出或扩大了，故称为凸出色；低明度的冷色调感觉缩小、压抑或后退，故称为后退色。如白色、黄色明度最高，因而凸出感也强；青色、紫色明度最低，故显得后退感明显。因此，在配选涂料时，针对狭窄的居室、低矮的顶棚、较小的间距，宜用后退色；而对于空旷的居室、过高的顶棚，则宜用凸出色了。

　　此外，还应注意色彩对人心理和生理的作用，这在家装中也是很重要的。应当根据各实际情况来配选相应的色彩涂料，才会收到好的效果。例如：红色给人以热情、吉祥和美丽的感觉；也可使人感到火辣与膨胀。黄色给人以高贵、华丽和喜悦的感觉；也可使人感到压抑与阻塞。蓝色给人以深远、宁静和安详的感觉；也可使人感到冷漠与呆板。橙色给人以甜美、温情和明朗的感觉；也可使人感到郁闷和烦躁。紫色给人以豪华、庄重和高贵的感觉；也可使人感到不安和苦闷。绿色给人以文静、平和与青春的感觉；也可使人感到阴冷和寂寞。白色给人以纯洁、坦率和明亮的感觉；也可使人感到单调和空虚。灰色给人

图 3-58　类比色的涂饰为装修添彩

以柔和、质朴和抒情的感觉；也可使人感到平庸和乏味。黑色给人以肃穆、庄严和坚实的感觉；同时也可使人感到黑寂和阴森。

　　由此可见，对于颜色涂料的配选不可随心所欲，必须有周到细致的设计，要按照业主的喜爱和习惯，以及其生理和心理需要去加以把握和选择，切不可由着装饰专业人员自身的喜好去配选。如图 3-59 所示。

三、健康涂料配选

　　健康环保家庭装饰已成为每一个业主最为关注的问题。要达到这一目标，除与所用的人造材料或购买的成品家具有些关系外，关键就在于健康涂料的配选了。

　　其实，现在家装工程中应用的涂料，大多是符合健康环保要求的，尤其是使用水溶释涂料，对人体健康基本上没有危害。把握健康涂料配选，就是要求涂料含甲醛、甲醇和苯的成分要少，以及含铅、汞与镉等成分越少越好，因为这些化学物质对人体是有害的。

　　要避免这些含毒物质在家庭装饰中使用，一方面在配选涂料时，首先要选择正规厂家生产的，并且是标有健康环保标志的产品。因为，正规厂家生产的涂料，从进厂原材料到按配比掺入各成分，再到质量检验，其每一道工序，是按照工艺和技术要求进行的，即使产品含有危害物质，也会控制在国家规定的范围内，在使用之后，经过一定时间的通风释放，对人体的伤害也就不存在了。另一方面，在使用调配时，对不同类型、厂家的产品，

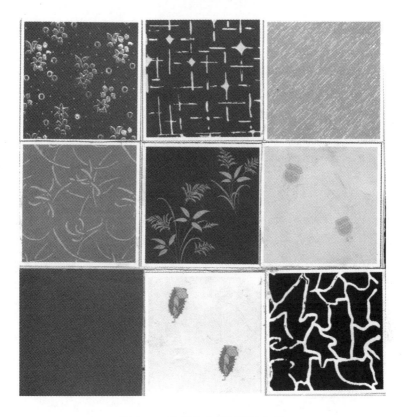

图 3-59　按照个人喜好配选色彩

在没有了解到其成分和特性之前，不可随意相互调兑做涂饰使用。原则上只有在同一品种和型号之间才能够调配，以免造成相互反应，不然轻则会影响涂料质量，重则会带来不良后果，伤害到人体健康。特别是对于需要调配色彩的涂料，更要注意到面层涂料、底层涂料以及腻子、稀释剂的配套性，颜色不能太深。色深，一方面不利于装饰效果的显现，另一方面也不利于健康环保。据经验显示，颜色越深的物质，含苯与甲苯的程度越高，因此越不利于人体的健康。世界卫生组织公布的结果表明，苯与苯系列已被确定为是致癌物质，对人体的危害是长期的。苯是一种无色具特殊芳香气味的液体，是无形的杀手。所以，在家装中，尽量少用或不用含有苯类物质的涂料为好。如图 3-60 所示。

施工中，对于只需要应用水性涂料就完全能达到工艺和技术标准，就尽量不要配选油性涂料。如果要使用油性涂料，也要根据涂饰的不同部位来配选，而且要严格控制用量。对于通风不良的居室，一般应当配选水性乳胶漆。这种涂料的表面附着力强，质感细腻，耐分化性和透气性都比较好，同时，给予人的视觉效果也很舒适、柔和。

在配选水性乳胶漆时，要配选正品。正品乳胶漆涂饰完一定时间后，不仅可看到涂饰的表面有清晰、光滑、细腻和富有弹性的氧化膜，不易裂变，而且闻不到怪气味。若是劣质品，其涂饰表面看上去是一层很薄很薄的膜，易碎易脱落，有时还会嗅到不好闻的气味。

虽说，水性乳胶漆的色泽比较单一，只是白色或乳白色，难以满足人爱美的欲望，但是，从家庭装饰的主流来看，环保健康应当是摆在第一位的。如果为了求得美观而用人体健康为代价，显然是不合算的。因而，将健康涂料的配选要领把握准确，是现在与将来家庭装饰的重中之重。

图 3-60   装饰配选涂料要确保健康环保

3.6   装饰材配选窍门

家装工程中的材料，除了木材、石材、瓷砖、涂料、壁材和胶粘剂外，还有铝塑材、金属、洁具和线材等。

一、铝塑材配选

铝塑材即铝合金、塑钢材料。这是家装工程中使用得越来越广泛的一种新型材料。

铝合金，银白色，易延伸，质韧而轻，导电导热性能良好，常用于制造飞机、火箭和日用器皿等，现又为家庭装饰所常用，可见其材质的优良，应用范围的广泛。从外表上看，好的铝合金型材氧化着色膜表面光洁，外观漂亮，色泽纯正、不脱色，无损伤，质量稍重，型线流畅，切断面银亮、不发乌，耐腐蚀，刚性好，经久耐用。

在家装过程中，应用得比较多的是型材。因板材应用得不很多，就不作专门介绍。铝合金型材按规格分有 35 系列、38 系列、40 系列、60 系列、70 系列和 90 系列等。所谓 70 系列、90 系列，主要是针对铝合金型材的宽度尺寸而言，它们分别是 70mm、90mm 等。一般在配选这一类型材时，既要按照其实际情况来确定，又要有一定的安全保险系数比较稳妥。如配选型材做主框架，其宽度尺寸是 35mm 便可以了，但是，为稳妥起见，则配选宽度尺寸为 38mm 的。虽然从成本角度上略高，但对保障工程质量与安全是有好处的。如图 3-61 所示。

图 3-61　家装用的多个规格的铝合金型材

如果用铝合金型材做门窗，应当根据其使用方式来具体确定。一般情况下，平开式门窗比推拉式门窗配选的型材规格要大一些。如推拉式窗配选 40 系列的规格，推拉式门配选 60 系列的；而平开门与窗的型材宽度尺寸应当大一些，平开门就至少在 70mm 规格以上，平开窗则配选 45mm 规格以上的。型材的壁厚应在 1.2mm 以上，氧化膜厚度也应达到 10μm。只有配选这样的型材加工门窗，其抗拉强度才能达到安全使用的标准。

铝合金型材最好采用正规厂家生产的产品。正规厂家的产品有明显的标志，如厂名、商标、名称、型号和出厂日期等。配选正规厂家生产的产品，如果出现了质量问题，可以找代理商或厂家处理或理赔。配选的是非正规厂家生产的产品，则难以保证质量和使用安全。如果发生质量事故，找不到责任担当人，就要由制作人负责，引发不必要的纠纷。如图 3-62 所示。

塑钢型材的规格与铝合金型材的划分大致是一样的。从外表可观察型材的色泽，以分出质量的好坏。质量好的塑钢型材外表呈青白色，而不是纯白色。这类塑钢型材抗老化能力好，二三十年的日晒雨淋也不会变色、变形、老化和脆裂。塑钢型材的质量主要取决于配方中含有的抗老化和防紫外线的化学成分。若型材外表色泽为白中泛黄，说明其防日晒能力差，使用几年后会变得更黄，从而发生老化、变形和脆裂，甚至不能再使用。

图 3-62　铝合金材系列门

若是直接为家庭装饰工程配选成品塑钢门窗，应当注意以下几个方面的事项：

一是要认真仔细地察看用料是不是标准，选用的型材是不是所需的质量和安全宽度尺寸，外表面是否光洁无损，胶角或焊角是否成直角，是否清洁整齐，五金件是否配齐，有无钢衬，是否是正规厂家生产的产品。二是制作门窗允许的偏差尺寸为：门窗框、门窗扇页的对角线长度在 1m 以内的，误差不得超过 3mm；对角线长度在 2m 以内的，误差不得超过 3.5mm；对角线长度大于 2m 的，误差不得超过 5mm。装配合页缝隙不得超过 1.5mm；门窗框、扇页搭接宽度误差不得超过 1mm；窗扇页玻璃等分格误差不得超过 2mm。如图 3-63 所示。

二、五金配件配选

小五金在家庭装饰中起不到大的作用，也算不上是主要配件，却是不可缺少的。小五金是指圆纹钉、气钉、螺钉、膨胀螺栓、钢钉和铰链（合页），以及执手与拉手等，是每一个装饰工程都必须要配选的。

小五金大多是一般钢材加工成型的，也有用不锈钢和碳钢加工制作的。现在家装工程中应用得多是气钉、圆纹钉和螺钉。可以说，木装饰结构和木制品（家具）以及紧固物件，都要用它们。对其给予合适的配选，少出差错，才能有利于装饰工程的顺利进行。各类小五金如图 3-64 所示。

气钉，一种凭借着空气压缩机的气压，从气钉枪里射出，一个又一个地冲进木表面板内的钉子。它替代过去用手工铁钉锤锤钉固定木枋条与木板的做法。用气钉固定比手工铁钉锤作业的速度快，方便省力，效果好，装饰表面不显露钉帽，易于涂饰，且操作简单。

图 3-63　次卫门安装塑钢门

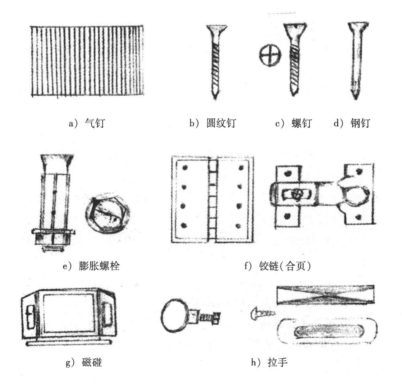

a）气钉　　　　b）圆纹钉　　　c）螺钉　　d）钢钉

e）膨胀螺栓　　　　　f）铰链（合页）

g）磁碰　　　　　　　h）拉手

图 3-64　各类小五金

在目前的家装工程中，几乎都是使用气钉枪作业，要根据木板与木枋条厚度配选气钉，不可为图省事而只用一种气钉。如图 3-65 所示。

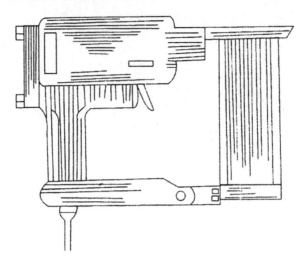

图 3-65　气钉枪

圆纹钉的使用也较为普遍。这种钉比较以前的圆铁钉是在钉杆上增加了纹理，好像螺钉的螺纹一般，只是浅一些。圆纹钉有多种规格，使用得比较多的是 45mm、50mm、60mm 和 70mm 的。在这个长度尺寸以下的大多用气钉替代了；再长的尺寸，就不多用了，主要在于家装结构用的木枋厚度尺寸一般不会超过 60mm。而使用螺钉紧固，能保证结构的牢固性更稳妥些。螺钉主要应用于吊顶棚固定面板，紧固墙面装饰架，紧固铰链（合页）、执手和拉手等。对于不同的用途，要配选不同的螺钉。在装饰件上用圆纹钉和螺钉，其钉帽要做防锈处理，并且不能让其显露在外面，也不能不作防锈处理就刮腻子和涂饰。

膨胀螺栓和钢钉是用在混凝土顶面、墙面及地面，做固定木龙骨架和地搁栅及其木枋架作用的。特别是做顶棚木龙骨架，不能用圆纹钉钉木楔或用螺钉来固定，因为这是不符合装饰工艺和技术要求的，也保证不了木龙骨架的安全稳定性，因而必须使用膨胀螺栓来固定。根据装饰吊顶棚固定木龙骨架的经验，为防止饰面板涂饰裂缝，对于木龙骨架高度超过 150mm 以上的，都不适宜用木枋连接，而应当采用膨胀螺栓焊接铁杆连接的做法。这样做可大大减少木龙骨架随气候条件变化而无定向变动，从而防止饰面板涂饰出现裂缝现象。若是使用木枋连接，木枋会因气候影响，产生热胀冷缩无定向的运动，故而造成过高的木龙骨架带动饰面板运动，接缝处出现裂缝就在所难免了。而用膨胀螺栓焊接铁杆来固定木龙骨架，虽是以一样的固定力量把持着，但因铁杆受气候影响很小，不会随时发生变化，也就不会产生饰面板裂缝的现象了。

磁碰的配选。家庭装饰中，经常遇到装饰门页变形的问题。究其原因，就是对于门页长度尺寸超过 1m，宽度尺寸超过了 400mm 的，如果在安装铰链后没有及时配装磁碰，就会毫无疑问地发生变形。这一方面在于人造材性能属无向异变化的，不像自然木材有十几年、几十年生长期形成自身相互连接的作用力，性能比较稳定。另一方面正是针对人造材无向异变化的性能，采用人为安装磁碰固定的做法，促使门页在磁碰力的作用下形成定向性能，只要这种定向性能稳定之后，门页反而不容易变形了。这种稳定定向性能的时间大约要 3 个月左右。这就是安装磁碰的作用。

铰链（合页）与执手、拉手及其他五金件的配选，关键是要针对实际需要和装饰工艺和技术的标准要求，进行有针对性的配选，才能起到良好的作用。如图 3-66 所示。

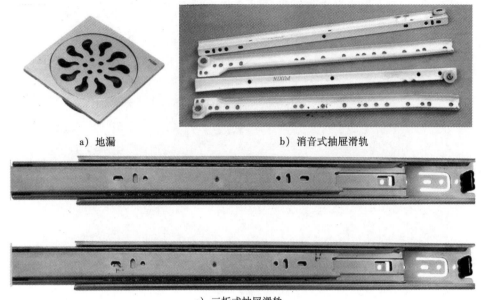

a）地漏　　　　　　　　　　　b）消音式抽屉滑轨

c）三折式抽屉滑轨

图 3-66　家庭装饰配件

三、洁具用材配选

洁具，包括用于洗浴、洗漱和方便的器具及其配备品，在家庭特色装饰工程中占有很重要的地位，对其的配选是不可忽视的。洁具流行品牌有四维、鹰牌、法恩莎、新辉等。

洁具中的洗浴系列有沐浴器、浴缸和沐浴间等；洗漱系列有洗手台、洗面盆、浴室镜、面镜和毛巾架及香皂等；方便系列则有坐便器、蹲便器和小便器及卫生纸盒、架等。在装饰工程开工之即，洁具的配选及其安装部位就得要确定下来，若是迟迟不做配选往往使得洗浴间和卫生间的工程不能顺利进行。如图 3-67 所示。

洗浴间和卫生间的前期工程多属于隐蔽工程，非常讲究质量、安全可靠性和稳定性，不可以随便进行更改。若是对洁具的配选迟迟定不下来或到不了位，就难免出现差错。如卫生间进行水路、电路布局时，都是做隐蔽性安排的，如果不能确定是蹲便器还是坐便器，那么对水路的安排就会造成影响。以坐便器为例，从结构上分有分体式和连体式（水箱与坐便器主体是否连成一体）；从功能上分又有烘干式与洁身式的坐便器。这两类功能的坐便器无需手纸，只需按一下开关，就既可冲洗干净，又可暖风烘干。这种新功能的实施，是需要水路和电路的配合才能够达到目的的。至于坐便器材料的配选，即配选陶瓷或塑料，还是人造大理石或玛瑙等成型的，还不是最重要的；而其样式和体积大小，则是与配选好坏密切相关了，因为说不定就是配选的样式与体积大小不合适，就有可能造成安装上的问题，或者使用上的不方便。所以，配选哪一类坐便器，一定要根据卫生间面积大小和排污是横排入墙，还是下排入地等因素，作出科学有效的配选。

配选坐便器，先要挑选好色调，能与卫生间的装饰风格相一致或相协调的为好；再看

图 3-67　重庆四维洁具品牌系列

表面是否光洁、平滑和色泽亮丽，不能有任何缺陷，甚至连砂眼都不能有；敲击的声音要清脆爽朗，不可以沙哑，更不可出现变形。各部位配装良好，试验时水力冲击要大，而噪音要小，还很节水。只有这样质量的坐便器，才值得配选。如图 3-68 所示。

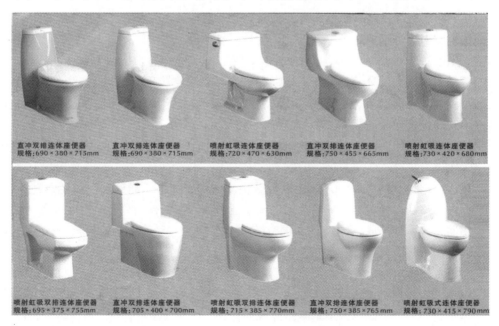

图 3-68　重庆四维品牌坐便器系列

现在，悄然在洗浴间兴起了装配洗浴间的做法。即把原有作为淋浴的地方，使用专用的陶瓷座子，再按照座子的形状装配出一个 1/4 圆形，或约 1m 见方的正方形，或 800mm 宽，1.2m 长的长方形等形状的，应用厚度 10mm 以上的钢化玻璃或其他玻璃合围起来的沐浴间，使得洗浴时的水不再四处飞溅，有利于保持整个洗浴间的洁净。甚至有装配成享受型的高档沐浴间，将沐浴间安装成可用电脑控温，具有桑拿等多种使用功能的洗浴装置。这样的配选就比较复杂了。如图 3-69 所示。

图 3-69 悄然兴起的淋浴房

除了卫生间与洗浴间的洁具配选要达到实用与方便的目的外，洗漱及其配套的面镜、挂毛巾架、香皂架等，也是不可忽视的，配选必须精致和实用。所谓精致，在于精而少，以适合装饰空间，不显得杂乱，从视觉上看上去觉得很舒适，色调与装饰风格相协调。特别是洗漱镜或洗浴镜，容易被热蒸气或湿气弄得不清晰。那么，配选一种防雾镜，便可以减少这类困扰。防雾镜有两种式样的，一种是给镜面加热式，使热蒸气或湿气无法在镜面成雾，其主要是运用电热丝加热的原理。另一种则是利用电子加热膜作用，使热蒸气或湿气很快化去。从安全性、耐用性和节能性及其使用方便性来看，配选电子加热膜的防雾镜比利用电热丝的要好多了。如图 3-70 所示。

图 3-70 洗漱及其配套用具精致协调

　　洗浴间和卫生间的保温通风装置，也是与洁具的配选相配套的。这有利于洁具配选与安装的适用性。尤其是水龙头，更要与洁具材质、风格和色泽及品位相协调，不要因为水龙头的配选而影响到洁具使用的效果，更不可由此而影响到装饰的整体格调。如图3-71所示。

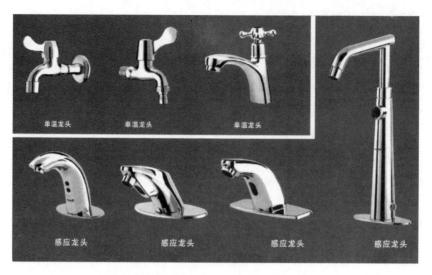

图 3-71　精致水龙头系列与洁具配套

四、线材配材配选

　　线材的配材，在家庭装饰中不很显眼，却又不可缺少。这些材料配选得稍不如意，就会给整个家装造成影响。

　　如线材，包含有水管、电线和装饰线材等，必须要配选好，确保质量和使用效果。用于隐蔽工程的硬塑料管，即PVC（聚氯乙烯）管和CPVC（氯化聚氯乙烯）管，其质量是出不得问题的，必须要把好质量关。在配选时，一方面要通过观察，触摸等，把住质量关；另一方面，还要提高其安全保险系数，才会有更大的可靠性。同样，对于电路改造的线材，无论是用于专用电器的电线，还是综合性电器线路的电线，都要提高其安全使用的保险系数。配选的线材必须是正规厂家生产，有质量保证体系、生产出厂日期和使用说明要求的。如图3-72所示。

　　家装工程中应用于边、角、拐弯，起着连接和补漏以及装饰效果的线材，大多是经过加工制作的成品，使用起来很是方便。其材质主要是木质材料，对其配选的正确与否，是关系到整体装饰效果好坏的关键，千万马虎不得。从使用的经验来看，正规厂家生产的产品质量可靠，变形小，裂纹少，材质选用比较恰当，外表色彩加工也比较稳定。

　　由于所配选的线材从整个色彩上要与装饰风格相协调，能起拾遗补漏，画龙点睛的作用。那么，配选的线材在自身加上制作上应是美观耐看的，用手触摸线面是光滑流畅的，涂饰是色泽均匀、深浅和谐的。这样的线材，才有利于装饰工程。如图3-73所示。

　　对于专业装饰人员来说，还需要经常关注线材的发展和更新。如今，在装饰建材市场上有了铝合金模压线条、铝镁合金装饰线条等新型材质线条，若是配选和装配得当，一定会给家庭装饰增色不少。

　　有不少应用于装饰工程的装饰部件与装饰线条，其式样造型和色彩经常有新的变化。

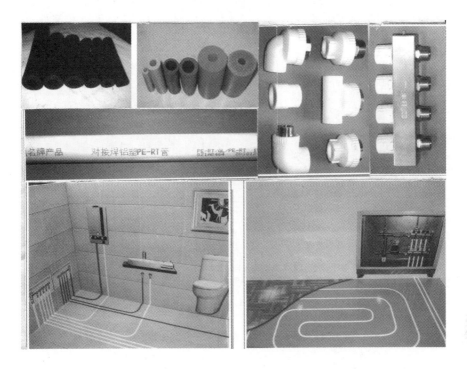

图 3-72 水管与配件及水管、电线的配选必须确保质量

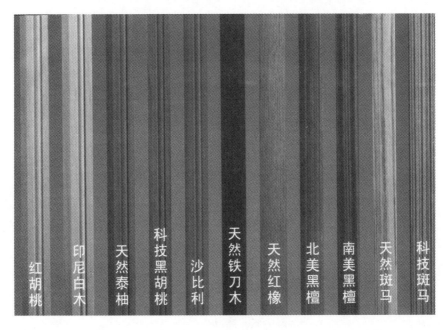

图 3-73 不同类型的线材

经常将这些新型的线材和部件巧妙地配选到实际装饰工程上，无疑是值得推广的做法。

　　不少业主在进行家装时，喜欢配备挂镜线的装置，这能为后配饰提供不少的方便，既能美化墙面，又能提升家庭装饰的品位，迎合了现代新潮流、新时尚和新风格的需求，从挂镜线的外表造型，色彩协调，到式样的考虑，再到形状大小以及装配高度的选择上，要经过认真细致比较，以适合家装风格的要求为装配准则。流行于市场上挂镜线有木质的、不锈钢的、镀钛金和塑料等各种各样的，应从装饰格调、墙面色彩及业主爱好上来确定适宜的种类。如图 3-74 所示。

图 3-74　配备挂镜线美化墙面装饰

4 把握特色家具配置窍门

配置家具以两种方式进行操作,一种是在做装饰设计和施工的同时进行,这与装饰风格容易形成一体性;另一种是在做完装饰后,由业主自行购买成品家具进行配置。这两种方式各有优点,也各有欠缺。

4.1 卧室家具配置窍门

家庭装饰多是以客厅与餐厅为最关键部位,来充分体现装饰风格和成效的。而配置家具一般是以卧室为重点。虽然客厅为展现装饰成效,配置家具仍很重要,但相对于卧室来说,还是处于次要地位。因为,客厅以展示家庭"脸面"为主,要求把装饰风格充分地呈现出来,其家具的配置与配饰是为装饰作烘托的;而卧室配置家具与客厅的作用却是迥然不同了,是以显示舒服和实用为主要目的的。这样一来,卧室家具配置成为重点就不足为奇了。要配置好卧室家具,达到享受的目的,必须花点心思,善加考虑,方可如愿以偿。

一、飘逸式卧床配置

卧室配置家具既要体现家装特色,更是为着享受,因此飘逸式双人床的配置,就是一种不错的选择。

飘逸式双人床的特征,在于其床腿板比较隐蔽,视觉上感到床面宽敞,滑动的台面安装在床头板上,配上软靠,十分美观与舒适。如果将其撑起来,还似一张床头桌一面,能随意摆放物品。还有一种改进的式样,既有内框架摆放铺垫,为席梦思式软款样,外面还有一个外框围着,使入睡者仿佛进入一个飘逸的境界一般。这种床显得很有气势,比一般的席梦思式床还长 200mm 以上,宽度尺寸也要多几百毫米,若是配上相关床罩与布艺,则不仅使用舒适,而且视觉漂亮。如图 4-1 所示。

a) 全貌式   b) 放大一角式

图 4-1 飘逸式双人床外貌

这种飘逸式双人床的加工制作和构造并不很复杂，却给人很舒适的感觉。由于业主对床面宽度和长度尺寸的要求不一样，故而这种床的长度和宽度是不固定的，但其结构和制作方式是一样的。一种飘逸式双人床的构造如图4-2所示。

飘逸式双人床架，有用木枋与木板加工制作成的，其长度尺寸一般为2.4m，宽度尺寸大多在1.8m以上。也有采用不锈钢材焊成的，其构造更加简单美观。

二、组装式壁柜配置

卧室配置家具，除舒适美观和实用宽敞的新床外，还要有组装式壁柜。组装式壁柜由于业主的用途和安排不同，不好做出一致的规定。总之，它是作为综合使用的，而不是做单一用途与安排的。

组装式壁柜，应针对业主的不同用途和要求，进行设计与制作，要充分地体现出独创性、时尚性和变化性，给人以新、美和宜的感觉。

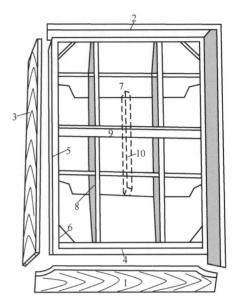

图4-2　飘逸式双人床构造图

1—脚枋　2—头枋　3—侧枋　4—内边枋

5—内侧枋　6—三角木　7—腿板

8—纵板　9—横枋　10—内撑杆

所谓新，就是造型新、式样新、材料新和感觉新。卧室里配置组装式壁柜，绝不可以是一个造型和式样，用材也不能一个样，必须是既得到业主喜爱，又体现制作者创新，独具特色，给人耳目一新的感觉。

所谓美，包含了美观的和美好的意思。组装式壁柜，在形状、色彩和体量等各要素的组合上，应显现出表面色彩夺目和纹理清晰漂亮；体量适中，图案配合适宜，眼观舒畅；造型新颖，尺寸合理，各组合排列得体有序，静中有动，动中有静，动而不乱，静而不呆，体现多姿多彩与朴素大方的造型美。所以说，只有把握好组装式壁柜构成要素、构成方法和构成特点，使其在制作上不断地变化和进行花样更新，才能达到美的境界。

所谓宜，就是适宜。无论是在现场加工制作的，还是在家具行里购置的组装式壁柜，应适宜于装饰风格，适宜于业主的喜好和要求，才能成为业主欣赏和满意的家具。如图4-3所示。

图4-3　组装式成品柜配置

　　组装式壁柜一般在现场制作加工的效果要好于购买的成品柜。其原因主要是居室的空间大小不一，变化多。这样一来，购买的成品组合柜往往会产生这样或那样的问题，不是浪费了使用空间，就是摆放上去后不很合套。另外，成品柜的式样、颜色等与装饰风格和色彩难以协调，故往往不如现场制作可以灵活调整得好。

　　因为配置成品组装式壁柜受到一些限制，从而给现场制作加工带来了机会。装饰专业人员应运用自己的木工技能，因地因材和根据合理的设计，针对现场实际情况和业主的要求，通过到实地进行认真的测量和完整的构思，将业主的喜好和时尚潮流加以揉和，制作出具有创意的组装式壁柜。

　　现场加工制作的组装式壁柜，从材质、涂饰和结构上与成品的有着较大的差别，但在结构上是具有优势的。因为它可以根据卧室空间的大小、高低与宽窄，按照业主提出的使用要求，实实在在地加工制作成相适宜的组装式壁柜，既可全部完全地固定起来，又可分别分组和分形状地进行临时性的组合，可将组装的方式按照不同时机和不同感觉进行变化。而成品柜一般是不宜随意变动的。同样，现场加工制作，既可做板式结构，又可做框架式结构，可大可小，可与现场空间相适应。对于不很规则的房屋空间，可按照其形状组装并制作壁柜。

三、成品式家具配置

　　成品式家具是指已加工成型的家具。这类家具有市场上购买的，也有在进行家庭装饰时，家具不在现场加工制作，而是由装饰设计师针对装饰要求画出图纸，安排到家具厂制作，然后再到现场安装完成的。

　　在市场上购买成品家具，业主可以掌握更多的主动权，从造型、色彩到材质都由业主自身选择。不过，最好还是征求装饰设计师的意见。这样，有利于与装饰风格相一致。现市场上流行的品牌成品家具有广东枫雪轩、深圳缘廷居、卡萨尼亚(布艺)、奥普兰(皮制)、喜临门等。成品家具有着色彩多样、款式时尚、外观新颖的特征。

　　至于不在现场制作，而是随家庭装饰临时安排到家具厂制作的成品家具，业主一定要事先清楚其造型、色彩和材质情况。不然，达不到满意程度，出现纠纷就不好了。某成品家具配置如图 4-4 所示。

图 4-4　各种用途的成品家具配置

4.2　起居室家具配置窍门

起居室是指除主卧室以外所有的日常生活作息与活动的房间，包括客厅、餐厅、客房、书房和活动房等。对于这些居室家具的配置，应进行巧妙的构思，根据各个居室的特征和用途，有针对性地配置家具，使各个居室里家具配置都彰显特色，风格统一，色彩协调，令人赏心悦目。要想实现这一目标，必须既要与整体装饰效果相配套，又要协调好装饰风格、色彩与实用的关系，避免出现这样或那样的问题。

一、多用式家具配置

所谓多用式家具，就是具有两种以上用途的家具。这种家具现在很受青睐。因为它一方面不占用过多的空间，适合现代都市人生活的需求；另一方面具有很好的观赏性，可给家庭装饰增色添美。

如一间客厅，空间不是很空旷，摆上一套"匚"形沙发和长条电视柜，空间就显较满，再摆放上框架式座椅、大理石面板的茶几等家具，就会显得很拥挤，如果上方的灯具又过大的话，更会给人一种压抑感。针对这样一种状况，倘若有了多用式家具，以活动、折叠和多用组合式家具来取代其中一件单用式家具，其效果一定会大不相同，不仅使得自由利用的空间扩大开来，而且也会方便很多。如摆在沙发前面的茶几变成一块木板两根杆组合成的简洁明快的茶几，使用时候摆放好，用得舒适与方便；不使用了就撤换去，可留下一块自由空间。如使用多功能茶几，在正常使用中，是一张造型别致的茶几，清闲时，将茶几下层的一块木板抽出来，摆放到茶几台面上，就变成一张棋盘，使得业主的生活又多了几分惬意。

多用式组合柜是一种常用于家庭的多用式家具，可根据实际要求和喜好进行组合，实现其多功能。其形状有长方形、正方形、椭圆形等，其构造有敞开式、分格式和封闭式等，这样组合而成的多用式家具，可给使用上提供很多的方便。如图 4-5 所示。

图 4-5　多用式组合柜

　　这种多用式组合柜，利用各种形状和线型，将各使用部分进行有效的分隔，形成空间大小的对比和敞封方式的变化，作多种多样的用途，以达到节省空间、方便使用、美化居室的作用。

　　如果室内空间较小又或有客人留宿，可考虑配置沙发床。沙发床平时作为沙发使用，需要时将它打开，就是一张临时性的床。沙发床有皮革的、布艺的，还有金属框架的，配置时应与整体家庭装饰相协调，其大小则应与室内空间相配套。沙发床前不宜放置笨重的茶几，否则会造成使用时的不方便。做床使用的沙发，一般是放置在客厅或者书房的。如图 4-6 所示。

使家的含义更具体
一个家可以很朴素，但决不能乏味，可以很简单，但不可以没有深度。家的感觉不在于空间有多么广阔，外表有多么华丽，而在于对生活的那份执着与感悟，卡萨尼亚会使家的含义更具体。

CS-2003B(双人位) │ 规格：190×130cm

CS-2004B(双人位) │ 规格：190×120cm

图 4-6　卡萨尼亚品牌沙发床

二、拆卸式家具配置

　　拆卸家具即可拆可卸、容易拼装、可组装使用的家具，与折动、积叠的结构形式的家具有着异曲同工的效果。拆卸式或折叠式家具种类多样，有椅、桌、床和柜等，可给家庭装饰增添亮丽的色彩。

　　拆卸家具在现场进行拼装，因此即使是较为大型的柜、沙发等，也不会受到楼层较高、楼道狭窄、电梯空间小、房门尺寸不够大的影响。如果是配置成品家具，厂商送来的是包装好的家具部件，到现场拆包再进行组装、调整，也十分快捷方便。由于是工厂化按标准进行生产，部件尺寸相当规范，组装时一般不会出现什么问题。组装好后由业主验收，交付使用。日后若出现质量问题，好的厂商还会提供比较到位的售后服务。

　　拆卸式家具亦可按照业主的意愿，由家装公司人员在现场进行设计制作。如图 4-7 所示。

a) 拆卸式组合多用柜配置　　　　　　　　　　b) 拆卸式圆桌配置

图 4-7　拆卸式家具配置

三、量体式家具配置

　　量体式家具配置是指按照实际情况配置家具，现实当中，这方面存在的问题是较多的。在家庭装饰中，业主以自己的喜好做装饰，事前有构想、有比较，装修时还可听取装修人员的意见，一般不会出现什么大的问题，问题往往出现在家具配置的不当上：不是家具造型与风格和装饰格调有矛盾，就是家具大小、高低和宽窄不尽如人意，还有是色调上不是很协调，给人不舒服的感觉。因此，为改变这样一个不正常的状态，采用量体式的方法来配置家具是很有必要的。为节约空间配选多用式茶几是很适宜的。如图 4-8 所示。

图 4-8　多用式茶几上应用交错韵律配置

　　配置家具时，应当认识到家具的实用性是应放在第一位的，实用与配置得体是统一的两个方面，密不可分。在选择装饰风格的时候，一定要对家具的配置做出全面与统一的设计，不能把家庭特色装饰和家具配置分割开来。而这个设计必须是针对起居室的面积大小、空间高矮、居室朝向和业主生活习惯，还有民俗民风的要求，与装饰色调做出一致性的安排。如组装的储藏柜的门是不能正对房门的。因为如正对房门一方面对储藏物品隐藏着不安全的因素，是人们日常生活中忌讳的做法；另一方面，也会给业主带来不方便，因为储藏物品时业主背对大门，对门外发生的情况不易察觉，致使其处于被动状态下可能会发生意外伤害。这样的家具配置显然是不合适的。如图4-9所示。

图 4-9　组装储物柜的配置

　　对于读书桌的配置，宜安排在北、东和东南之中的某一方位，且选择在房间的中央位置，不能正对着门。同时注意书桌之后要有墙一类的凭靠，不能有多余的空间。不正对着门，是为了不受到来自门外噪声的干扰或他人的窥视。避免书桌后多余的空间是减少来自背后的不踏实之感。此外，书桌的两边，一定要有窗户或气窗，以便空气的流通。如图4-10所示。

图 4-10　书桌的配置

应用量体式方法配置家具，还要把握住"精一点"的原则，使各居室中配置的家具精致而实用，切不可以花里胡哨、不实用。要多配置一些活动、折叠与各用途的组合式家具，可以减少居室中家具的件数，扩大可自由利用的空间，也给人以舒适的感觉。其实，居室的空间虽大，却总是有限的。若是在量体式家具配置上得体且巧妙，又能将居室角落部位充分地利用起来，做上针对性很强的配饰柜，或者放上一个多层的角架，便使得这些不打眼的区域起到大的作用。如图 4-11 所示。

同时，按照业主对家具配置追求舒适的这一共性特征，从有着不同的生活习惯、兴趣爱好和审美情趣，以及追求

图 4-11　配饰柜的配置

不同风格，强调个人性格，要求体现不一样效果等方面考虑，以适应和符合业主的需求为着重点，进行有针对性的配置家具。如同是客厅的家具配置，假若是经常宾客盈门的，其客厅配置的家具，如沙发、茶几和配套的什物，必须要齐备些，从形体上要显得大气，从色彩上则要以深色调为主了；若是从业主及其家人享用的角度考虑，其配置的沙发就以自身感觉使用舒适与方便为主，茶几与其他什物也不一定那么齐全，只要用起来得心应手就行了。如图 4-12 所示。

图 4-12　以业主需求为重点的客厅家具配置

又如对老年人居室配置家具，按照量体式做法，其家具式样不宜选用带有尖角的、棱角多的，以避免磕碰，发生意外。配置的床铺高低要适当，便于上下，不至于稍有动作便有危险出现。配置的床头柜比较一般使用的要稍大一点、矮一点，要与床铺相配套，便于老年人使用。如图 4-13 所示。

图 4-13　老年人居室的家具配置

对于小孩居室的家具，男孩子的居室配置大多是以"活"为主，连床铺都是上下层，或静配置的壁柜是敞开式，分有多用途的隔层，以利于爱动的男孩子可以上下爬动摆放物品，不占用太多的面积，却有足够的空间让男孩子进行自由的活动。

女孩子的独立居室，配置的家具是以"雅、静"为主要特色，还要不失美观漂亮。床、床头柜、梳妆桌和储藏柜等，采用很现代的色彩，与装饰色彩相协调，使得居室显得紧凑而井井有条。给女孩子配置的储藏柜可以分有春、夏、秋、冬衣物和其他配饰物的格栅，在色彩丰富中透出"雅"的感觉，与梳妆桌上的化妆物品相对照，给人以"静"的感觉，要既温馨，又显现出新潮特色。如图4-14所示。

图4-14　女孩子居室配置梳妆桌

4.3　厨房家具配置窍门

厨房家具配置虽然说不上是家装中的重点，却是家庭生活中必不可少的。既要满足一日三餐的储物，又要经过巧妙配置，使得小小空间显得井井有条，还要能创造出轻松的气息。占据厨房面积至少1/3的操作台，可按照厨房空间状况安排成"一字形"、"二字形"、"L形"、"U形"或"岛形"等多种形状，在相应的上部空间，以悬挂方式安排吊柜，操作台下面的柜和吊柜，可满足储物及使用要求。操作台和吊柜，可以现场制作，但是现在更多的是购买成品组合式、专用式、开敞式与智能化橱柜、餐柜及多用柜等。如今市场流行的橱柜品牌有上海阳光世家、广东伴帝、中德合资菲林格尔、中法合资皮阿诺和湖南迅达等。

一、组合式橱柜配置

配置组合式橱柜，一方面是为满足储藏物品和餐具、厨具的需求，另一方面则是给面积有限的空间尽可能地留出自由活动的地方，同时也是为了操作安全的要求。

在厨房设置组合式橱柜，一般是受到卧室或餐厅等居室装配组合柜的启发。又由于虽然厨房条件在变化，以及现代厨具被广泛应用，但厨房面积却不能相应地扩大，即使是

200m² 以上的新房，其厨房面积也不过在 10m² 左右。这样一来，组合式橱柜便更显出优越性了。组合式橱柜是有其特色的。如图 4-15 所示。

图 4-15　组合式橱柜配置

　　其实，组合式橱柜远不止图示的这一类型，它有多种式样、结构及造型，业主可根据使用面积大小和空间高低不同来决定其组合形式的，如落地式、落地与半挂式组合和高脚式等。既要体现民族民俗、生活习惯和个人喜好，又要按照各种实际状况来加以配置，因而组合式橱柜的配置也迥然不同。

　　配置组合式橱柜，有在现场加工制作的，也有从专门工厂定做的，还有临时购买成品进行组装的。首先，橱柜的式样要给业主一种舒适的感觉，显得得体而又精致，不要过于拥挤和扎眼；造型要很有特色并且实用，餐具的摆设要能恰如其分，如有创新而给人以新的兴趣点，则是再好不过了。此外，色彩是必须要讲究的。如面对着大量金属厨具会产生冰冷的感觉，那么在橱柜色彩的选择上，可以通过暖色调来缓释这种感觉。如使用柔和及贴近自然的原木色彩加上简单的图案设计，能使厨房具有浓郁的田园风味；或是以浅色调的木纹理展现清雅脱俗之美，使厨房带给人清新的感觉，使人轻松愉悦还能刺激食欲。

　　购买成品组合式橱柜时，其门面板和侧面板的选择是非常重要的。最常见的是实木板面，具有回归自然、返璞归真的效果，尤其在漆色上要做得非常好。如使用中密度为基础材料，表面采用特殊油漆喷饰而成的，其表面光亮平滑，丰满度和美感很强，整体干净整洁，给厨房增色不少。还有选择的耐火材板面，非常适合厨房使用。其具有耐高温、耐磨、耐刮和抗渗透的特征，尤其是易清洁和色泽美观，可任意选配的优势，给配置成品组合式橱柜创造了条件。如图 4-16 所示。

图 4-16　成品组合式橱柜板面材料的配置

　　不过，无论是配置成品的，还是现场加工制作的组合式橱柜，其造型和色彩一定要与厨房的装饰色调相一致，与餐厅装饰格调相协调，特别是敞开式厨房更是要这样。如果相互配合得不好，会影响到人的心理状态。

　　对于带有台面的组合式橱柜，现大多不再用木质材料做台面板，而是采用石板材料做台板。在台面板上加工出相应的形状，把灶和洗菜盆等嵌入进去。有的还将烤箱和果品箱组合在一起，也有将餐具、刀具和厨具等盛装架装配成一体，组成隐蔽式的收纳空间，给人爽朗利落的视觉效果，充分发挥出组合式橱柜的作用。如图 4-17 所示。

图 4-17　带有台面的组合式橱柜的配置

二、悬挂式多屉橱柜配置

悬挂式多屉橱柜的配置要显得简单和容易多了。悬挂式多屉橱柜，有吊柜式、抽屉式和高柜等形式，可按照业主的需求进行配置。从整体上来说，虽然它有着多功能的用途，但其一般不以组合为特征，而以单件式配置为主，因而更适合于人口较少家庭使用。在厨房这样面积狭小的空间内、在不打眼的拐角处，也可以装配。有的则在灶上部抽油烟机两边各悬挂一个，既不占地，又方便使用。

吊柜一般是用挂钩挂吊在工作台上方，与灶台的抽油烟机平行安装，其尺寸有大也有小，主要是视厨房面积大小、高低及业主的要求加工制作，或者由业主自己选购成品进行安装。如果是现场加工制作，必须在背板面安放防潮材料，柜面材料可采用防火防潮和防霉的中密度纤维板和胶合板等，使用膨胀螺丝从四个角部进行固定，还有从底部使用木枋加固的做法，应确保柜吊钩安全无误。由于选择的人造材是做过饰面涂饰的，一般不再做新的涂饰，只需给加工过的断截面进行涂饰就可以了。若是使用细木工板加工制作，则要在做防火防潮处理后，才能够给予表面涂饰。最好选用防火涂料，如酚醛防火漆、过氯乙烯防火漆等。如图 4-18 所示。

图 4-18　悬挂式多屉吊柜的配置

一些人喜欢将干果、豆子、大蒜、干菜或类似物品藏于小柜里。为防潮或防虫蛀，需将这种柜子悬挂起来。为取存方便，这种柜子大多悬挂在厨房内的墙壁上，但不能悬得太高，要能比较方便地取用和存物。其悬挂可与吊柜做法一样，但柜子的内部结构和外形较吊柜是有所区别的。吊柜内部，在打开柜门后，里面是空荡的，最好装配上一、二格隔板或搁板。而多屉干果柜有多个抽屉，其抽屉内还可以分成多方格型，也可选用多种塑料盒子放入抽屉内，便于存放干果等物。如图4-19所示。

图4-19　悬挂式多屉干果柜的配置

在现场加工制作悬挂式多屉干果柜，必须选择防潮与防火及防霉的中密度纤维板等人

造板材，以板式结构螺钉组装成型，其背板、侧板、盖板、隔板和底板等，在锯割出相应尺寸的板型之后，在各结合部位钻孔，使用套式螺钉紧固。背板以膨胀螺丝固定。搁板上以锯出卡口的方式，把两块或多块搁板卡夹起来，便可分出抽屉的格数，便于放抽屉盒，也可将抽屉装配在抽屉轨道上使用。搁板装入柜框后也应用螺钉加以固定。抽屉格尺寸按需要确定其大小。多抽屉的则将搁板组装成多层格架便能达到目的。如图4-20所示。

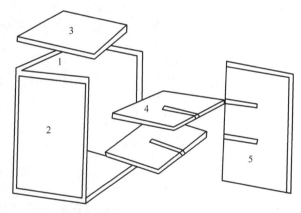

图4-20　多屉干果柜内部构造
1—背板　2—侧板　3—顶板与底板　4—横搁板　5—间搁板

三、敞开式餐具柜配置

敞开式餐具柜已不常见，但仍有人在用，不过现在做了一些改进。敞开式餐具柜能直接看到柜内摆放的餐具和其他物品，现在则多给敞开式餐具柜装配上了透明玻璃推拉门，这样配置餐具柜，是适宜于整个现代式装饰风格的做法。

为体现家庭装饰的现代风格，色彩常以棕色、象牙色、白色和灰色等色彩为基本色调，材料一般用玻璃、防火板、金属和现代复合材料等，用直线和透明来表现现代感。因而在家庭特色装饰中，对于厨房的装饰采用敞开式或透明透亮式，可给人一种通透感。如图4-21所示。

以往，不论是加工制作或是购买的敞开式餐具柜，大多是框架式；如今，这一类小柜家具，除了使用自然实木材组装的之外，几乎都是板式结构的。如图4-22所示。

图 4-21　敞开式餐具柜的配置

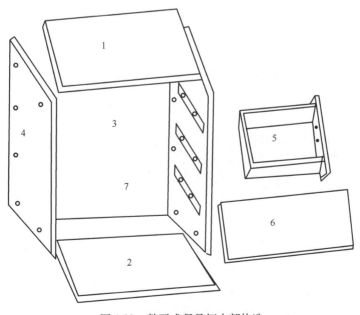

图 4-22　敞开式餐具柜内部构造

1—顶板　2—底板　3—背板　4—侧板　5—抽屉　6—搁板　7—搁板枋

　　加工制作这一类开敞式餐具柜，大多选配中密度纤维板或胶合板之类的人造板材。由于这一类材料比较硬实，大多是不需要作表面涂饰的。组装时，将各板材根据实际尺寸要求进行锯割成型。其尺寸可大可小，既可加工制作成长方形，也可加工制作成正方形。钻眼用套式螺钉紧固。先将顶板、底板、侧板和背板组装成一个外柜，再将搁板装配上去。装配搁板不要用开槽的方式嵌入侧板内，只能用螺钉紧固木枋条于两边侧面板上，或用"L"形钢板紧固在侧面板上。若要使搁板稳固，还可在背板与侧面板同样水平位置上紧固木枋条或"L"形钢板，使搁板能稳稳当当的。最后安装轨道玻璃门，敞开式餐具柜便组装完成。

　　一般情况下，敞开式餐具柜是固定在墙面上，从背板的四角部位先钻上孔眼，再对着孔眼的相应位置在墙面画上定位记号。为防止潮湿，都是给这一类墙面做防潮处理，或是涂防潮涂料，或是贴防潮膜。接着在定位记号上冲击打孔，装上膨胀螺栓，将整个餐具柜用膨胀螺栓紧固在墙面上。若是整个墙面镶贴上瓷片后，再将餐具柜悬挂起来，仍然是要应用冲击打孔，装配膨胀螺栓紧固装配的。但值得提醒的是，在瓷片上冲孔前，必须在定位记号上选用钢钉轻轻地将瓷片钉透后，才能在水泥墙面上冲孔，切不可直接在瓷片上冲孔。否则，不仅冲击会错位，还会损坏瓷片。在将餐具柜装配在瓷片上时，还是给背板面贴防潮膜作防潮处理为好。

四、智能式多用柜配置

　　随着科技的进步与发展，厨房里的电气化程度越来越高，大多数家庭厨房里电冰箱、微波炉、烤箱、洗碗机和消毒柜等电气设备几乎一应俱全，使原本面积就不大的空间更加拥挤和杂乱。这样一来，就给智能式多用柜提供了用武之地，使智能控制成为最佳的选择。

　　现阶段，有不少新装饰的家庭实施智能调控，即智能集中控制、无线遥控、场景控制、背景音乐控制和装配智能开关、智能插座和智能安防等。

　　其实，在厨房操作向着简单化改进上，一定要结合自己的生活习惯和实际要求，切不可盲目追求潮流，反而给自身造成更多的负担。如一个从不吃炸、烤和煎食物的家庭，就没有必要配置烤箱。本来只有三口之家，就没有必要配置什么洗碗机和消毒柜了。要是认为使用的碗筷等餐具不放心，可以放进开水里消一消毒，还可以用微波炉给杀毒，同样效果很好。如图 4-23 所示。

图 4-23　厨房设备要按照实际需求配置

对于智能式多用柜的配置，倒是很值得考虑了。像现在的智能控制电饭煲，只要将米淘好，放进合适量的水，几分钟后，便能够成为香喷喷的米饭。这比起以前早上把米与水放入锅里，再到中午把饭煮熟的状态要好多了。应用智能型产品加工食物时，能给予业主提前提示，令人感觉到无比舒适和放心。针对婴儿家庭，开发出了附带婴儿看护的功能；针对有孩子上学的，开发出了学习互助功能系统；针对有老人的家庭，开发出了让老人放心用的智能型产品，致使厨房里的一切困难，在智能型多用柜的配置使用后，得到最好的解决。可以说，在厨房里配置智能式多用柜，能让业主及其家人体会到智能设备所带来的便利。

不过尽管智能式多用柜配置有这样和那样的优势，却一定不要脱离家庭实际情况盲目选择。因为，任何一件先进的设置，其适用性能是有限的。盲目选用，带来的方便不多，打乱自己长期形成的生活习惯，造成新的不便，实在没有什么必要。

总而言之，智能式多用柜的配置，关键在于要符合家庭使用实际，适宜于居室环境要求，千万不可以图一时的新鲜而把实用、实际和实效丢弃一边不顾。如图4-24所示。

图4-24 智能式多用柜的配置

4.4 其他家具配置窍门

在家装工程中，如何配置家具，以显示出家庭装饰独有的特色，达到令人满意的效果，是个相当不易做好的事情。然而，作为装饰专业人员，却有责任运用自己的专业知识和技能，迎难而上，与业主充分沟通，尽力去做出时尚，做出新意，做出效果来。在给卧室、客厅、餐厅和厨房等配置家具的同时，对于其他家具，也要从色彩、风格和实用性等方面给予配置，让家庭特色装饰真正体现出特色来。

一、浴室家具配置

"富裕看厨房，文明看卫浴"，浴室在现代人生活中是个很被看重的地方。在做好浴室装饰之后，最令人感觉困难的是其家具的配备。因为浴室大多与卫生间连在一起，占用的面积是 $1 \sim 2m^2$，其家具的配置确实令人头痛，根本原因在于防水防潮。不过，如今洗浴部位可只用一个 1m 见方或半圆形的 10mm 厚度玻璃材料围成一个洗浴房就可以了。其底座是用陶瓷或其他防水材料制作的，只要在其上面装配上玻璃围子和滑动自如的玻璃门即可。洗浴时，关上玻璃门，洗浴水只能溅在玻璃上，流下到底座上，进入地漏内，不再淋溅到其他地方，更不会影响周围的墙面和地面。

浴室里尽管不像以前那样水溅四方，却也是水汽和潮气很重的区域。若是配置家具选用木制的，其木制的腿便容易受潮，并把水湿或潮气引向家具的整体，造成变形和腐蚀。那么，在底部 30mm 的高度采用铝质材或不锈钢，或硬质塑料做腿部材料，这样，不仅能够满足了家具的支撑不受水害，而且能够保持家具整体的干燥和正常使用。

虽然有了玻璃沐浴房，在选购浴室柜时，还是要注意选择那些采用防潮板、防火板、耐磨板和高分子聚合物等复合板材作为柜体材料的浴室柜。这些人造板材，不仅有很好的防潮性和耐用性，而且其装饰效果是很好的。

选配好板材后，在制作组装或安装时，最好选用密封式五金连接，从整个板式框体到门和腿等部位，用套式螺钉紧固，铰链连接必须选用不锈钢材或做过氧化的好钢材，这样不容易生锈和受腐蚀，能保持良好的紧固和连接质量。

一般在加工制作好柜体之后，再将柜体装配到靠墙体的部位。大多采用石板材做柜面。在石板材面上，还要用切割机切割出洗面盆的孔，将洗面盆安装上去。在安装洗面盆与石板材面相接触的部位时，要装配上橡胶条，一方面防水浸入柜内，另一方面防止脸盆与石板材直接接触，起防撞缓冲作用。同样，在柜体与柜门接触的部位，也要安装上有防撞功能的橡胶条，有利于保护边缘，以免碰伤，并且阻断水气向木板材浸湿。另外，在安装石板材台面时，也一定要采用胶粘剂将与墙面接触的缝隙封闭好，不能让洗脸盆的水从缝隙中渗漏下去，造成柜体内部浸湿。如图 4-25 所示。

图 4-25　浴室家具配置

做好柜体防水防潮处理之后，还要在家具底部增加一层防水铝箔或是橡胶垫等能起到隔水防潮作用的材料，使家具能得到很好的保护。

二、阳台家具配置

不少的建筑结构设计，将屋面落水管或洗衣机位置及下水管，还有空调的下水管及线路部分等，经过阳台引到室外，这样，给家庭装饰带来了难题。若是任其暴露，是装饰中的忌讳；仅做包装外面，又显得浪费空间，还不好维修。而利用配置家具的方法，可达到两全其美的效果。

这种情况下给阳台配置家具，大多是现场加工制作的，其目的就在于将暴露在外的、有碍视觉的管道等给掩饰起来，又有利于发生问题时的修理，还不白白的浪费空间。以家具柜的形式固定住后，柜内还可放置其他储藏柜不好放置的竹席、竹垫和长形物等。

在现场加工制作这一类家具，要根据实际情况确定尺寸的大小。其高度尺寸，上面可以平顶面，下面则要视具体情况而定，如有地漏的底部必须悬空 200mm 左右的空间为宜，有利于防潮与地面清理；若无地漏，就可平地面做底层。而其内部，可以是空层，也可做多层，要依业主的意愿配置，但必须使整个家具的结构紧凑而又结实。如图 4-26 所示。

这是一种全装饰的家具配置，在加工搁板时，将靠墙面部位锯割出缺口，使落水管道部位能由柜体掩蔽起

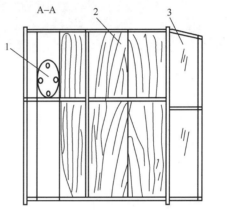

图 4-26　阳台侧面配置木柜
1—落水管道　2—木柜　3—阳台玻璃窗

来。但在靠玻璃窗的这一侧面，要注意做遮阳防备，要么在玻璃窗外上檐装配遮阴蓬；要么在玻璃窗内与柜体侧面板上做遮阳，其要求是不能让太阳光直接晒在柜体上，造成柜体的变形。因此，阳台柜体制作必须与玻璃窗留有 200mm 左右空隙为宜。这样，即使有阳台窗帘挡住阳光，却还留有热、冷空气流动的余地，有利于保护柜体安全。

可以巧改阳台做休闲使用，利用不打眼的空间配置适宜的家具，一方面，要根据空间大小与业主的意愿来做，另一方面，则要针对做休闲、书房或休息的实际要求与阳台所处的特殊区域做综合考虑。众所周知，阳台是建筑物室内的外延，是室内空间与外部空间相联系的纽带，是居住者呼吸新鲜空气，足不出户，与大自然交流情感的区域。在业主要求装饰成休闲之处后，其相应配置的家具也必须与"休闲"这一主题相配合。如果条件允许，在阳台的一侧上方约 1.6m 的高度，做一个小吊柜，里面做几层搁板，便于放置喝茶品茗的用具。将整个小吊柜采用膨胀螺栓紧固在墙壁上，做成封闭式或开敞式的都可以；而吊柜下的空间用做放小茶几、折叠椅等物品的地方。在将物品摆出之后，又可利用这个空间用电壶烧一烧开水。由于阳台承重有限，不能配置过多、过重的家具。家具尽量是精而少，或是配置活动式、折叠式和可移动式的。不可以配置大型的、沉重的和呆板的家具，这主要是从安全着想和确保阳台结构的稳固。如图 4-27 所示。

图 4-27　给休闲的阳台配置品茗茶几与用具

　　若是改成小孩活动和睡觉的小房间使用，其配置的家具也应尽量少一些。除了小床铺之外，可配置与床铺连体的小活动架。使用的时候，将小活动架撑起来，可成为小孩写字、画画、剪纸和玩耍的台面；将台面物品收拾完后，可将小活动架转向靠墙或靠床头。不可将小活动架做成固定不变的，这样不利于小孩活动安全。同时，将阳台改作成小孩睡觉的小房间使用，不宜在墙面上做吊柜之类的家具，必须使其空间显得空敞，不能造成压抑感，应有利于小孩的身心健康和视野开阔。再者在阳台的外部，必须做好安全保护措施。如图4-28所示。

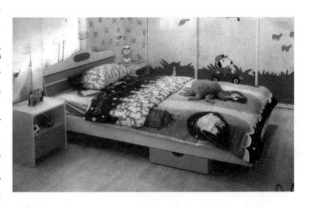

图 4-28　将阳台改成儿童睡觉小房间的家具配置

三、色彩家具配置

　　现在的装饰工程，以白色的家具为主，最多也是在电视背景上有一点色彩的点缀。但是，对于家具的配置，却往往不是以白色为主，而是以色彩为重的。即使是配置现代装饰和欧式风格的家具，不仅在图案上讲究，在色彩上也同样比较挑剔。

　　色彩家具配置，首当其冲的，是要看与装饰风格相不相协调。由于各种装饰风格不同，其配置的家具色彩必须要从其基本色调出发来进行选定。从现在流行的风格来看，一般要求配置的家具色彩不可以相差太大。不过，也有将多种风格融入一个装饰工程中的，但这也绝不是可以随意而为之的。

　　现在流行的自然风格，是以天然素材和柔和的色彩为基本色调，其色彩主要是象牙白、自然色调，利用棉、麻、藤和原木等天然材料的色彩形成一个令人舒适的风格，使居室显得自然、简洁，令人愉悦。如图 4-29 所示。

图 4-29 自然风格中色彩家具的配置

如现代家庭装饰风格，是以浅茶色、棕色和象牙白为主的棕色系列，或以白色、灰色和乳白色为基本的灰色系列，选用玻璃、金属白色材料和现代复合材料等特色为标志，来表现现代装饰的效果。如图 4-30 所示。

古典式风格的家庭装饰，其特征色彩是以深红、绛红和深绿色等比较浓厚、深沉、庄重的色调为基本色调的。要求家具和布艺等的配置图案，均要以传统风格为基础，显现出华丽、宁静和优雅特征来。如图 4-31 所示。

图 4-30 现代装饰风格中色彩家具的配置

和式风格的家庭装饰，其色彩多以树木本身所具有的自然色彩为主，又以日本的传统色彩为重点，采用自然素材，如杉、竹和日本装饰纸材等为基本原材料做装饰，有些部位以拉门、涂壁和榻榻米的做法，以显示其特有的日本传统样式和现代功能性，来区别于其他装饰风格不一样的特征。

此外，还有中式、欧式等装饰风格，其要求的装饰色彩和配置的家具色彩都是有着自身特征的。如欧式风格，其装饰色彩以白色、乳白色为主，关键是其装饰和家具的图案均带有传统式风格。所以，在懂得了各装饰风格的色彩特征后，在配置家具色彩上心中就有了底，只要不是相差太远，就不会出现大的差错，主要是以协调为重。但也有人大胆创新，在色彩上采用大的反差，能产生出令人惊喜的效果的。还有因为配置得十分恰当，而产生出和谐的氛围的。如在一间客厅里，采用的是和式推拉门的做法，在墙壁上挂上几幅中国的字画，而配置的沙发却又是意大利风格的。这些配备的色彩都是以柔和为主，同样也可以给人一种舒适的感觉。如图 4-32 所示。

图 4-31　古典式装饰风格家具配置

a)

b)

图 4-32　不同装饰风格中装饰色彩和家具色彩各具特色

　　其实，对于色彩家具的配置，还是要以业主的喜好为基本依据，再结合大众崇尚的做法来加以确定。仅以一种黄色来说，有人喜好大黄，有人喜好浅黄，有人喜好橘黄，有人喜好柠檬黄等。若从装饰风格协调和配置色彩效果上考虑，配置橘黄是再适宜不过了。但是，当业主恰恰偏好于柠檬黄时，那么，对于装饰专业人员在给家具配置色彩时，就不要坚持采用橘黄这一色彩了。这样做，既不会对家具配色影响太大，又尊重了使用者的意愿，最终的效果应该还是不错的。如图 4-33 所示。

四、原色家具配置

　　所谓原色家具，原本是以自然材料做成的家具，它不做任何涂饰，基本上保持着其材

图 4-33　要尊重业主意愿进行色彩家具的配置

料的原有色彩。

　　不过，市场上的原色家具却有两种，一种是仅以自然蜡给予家具表面抛一抛光的实木制、竹制和藤制等家具；另一种是用清漆涂饰了表面的家具，清漆对人体健康不会造成任何影响，家具也仍保持着材料的原色原貌。即使是原色家具，却还是有着色彩上的较大差异。由于各材种的不同、地域生长的差别和受气候环境的影响，所以各类材质的色彩是不尽相同的。于是也就带来了原色家具配置是要适应于各装饰风格，还是适宜于各装饰工程，或是要遵循现实要求的问题。

　　如同样的树，由于生长的时间长短不一，其成材的色彩也会有所区别。像梓树，生长期在 20 年之内的，其成材的色彩是青色的。生长期 30 年以上，其成材的色泽却成了淡黄色的了。杉树也一样，在 20 年以内成材色泽是黄白色的，生长期 30 年以上，就变成了红褐色的了。其他树种也同样，幼年树的成材颜色与老年树成材色彩是有区别的。某些特色树的成材色泽就更是不一样了，如黑木树成材的色泽是黑色的；红木树成材的色泽是红色的；白桦树、银杏树等树种成材的色泽是白色的。因此说，原色家具配置，既要与装饰风格相适应，又要正确选择原色家具的实际成色效果，才有可能配置得更好、更适合。如图 4-34 所示。

　　另外，从装饰风格的格调上，对于原色家具的配置也是有讲究的。如果是古典式或西欧风格的装饰工程，其选配的原色家具的外形结构绝不能是简单的板式和直榫眼式了，而必须是传统的框架式结构并配以相应的图案及造型，如柜腿、桌腿和茶几的腿脚，不可以是简单的枋木形状，必须是仿动物腿脚形和雕龙刻花形的构造了。反之，现代式的家庭装饰风格，配置原色家具就不能选择与古典风格相类似的构造。由此可见，原色家具的配置，不仅从家具色彩上要正确把握，而且从造型和结构上也要准确地加以掌握，切不可以张冠李戴。

图 4-34　原色家具配置要与装饰风格相适应

　　原色家具，在现场加工制作的是很少的，大多是从家具市场选购配置的。选购原色家具，从木纹理的对称，色彩的同异，疤结的大小，都要细心观察，既要认真地把好质量关，又要保证与装饰风格协调。如图 4-35 所示。

　　对于原色的竹制和藤制等家具的配置，由于在现场加工制作配置的可能性很小，必须是在家具市场上选购。虽然其外观质量能一目了然，从结构到造型也能看得清清楚楚的，然而，从材质、色泽、制作和适合等方面一定要与自己的意愿相符合，与装饰风格相配套，要结实、耐用。如选购竹制椅子，一般都是从其造型美观到结构稳妥，再到实用这样一些方面进行考虑。然后，再仔细地察看做工的精细程度，材质的色彩是否适宜，以及试用的感觉舒不舒适等。一切都觉得称心如意了，再下决心购买。如图 4-36 所示。

图 4-35　原色木质家具要认真选购

图 4-36　原色竹、藤制家具要认真选购

5 把握特色灯饰配装窍门

可以说，家庭特色装饰要上档次，显特色，没有灯饰的烘托作用，显然是做不到的。因为灯饰比较装饰色彩，其调节功能要好得多、快得多和简单得多，能随着灯光的颜色而变化，是其他方法无法比拟和替代的。随着灯具的发展，这一优势还会更加明显地体现出来，给家庭装饰带来更多的方便。

5.1 灯饰线路配装窍门

要想发挥灯饰的特殊作用，必须从灯饰线路的配装上有新的突破和创新。有人认为灯饰就是黑夜照明，取代日照光而已，并没有认识到灯饰能使家庭装饰耳目一新，创造温馨的家庭气氛，致使灯饰潜能不能充分地发挥，究其根源就在于线路的配装上还存在着不足，必须加以改进。

一、供电线路改进

如今的家庭特色装饰，如果没有显示出特色效果，其原因往往在于灯饰的作用未发挥出来。而灯饰作用的发挥，关键在于供电线路是不是合理。

家装工程中，灯饰的应用越来越广泛。在居室中，既有吸顶中心灯饰，又有分布周围的筒灯、射灯和灯带等，还有吊灯、壁灯和地灯等。这些灯饰使整个家庭装饰金碧辉煌，可给人以眼花缭乱的感觉，应该说是达到相当的水准。如图5-1所示。

然而，仅有灯具和灯光是不够的，还应多从用电和发展的角度来看问题。为了使用方便和保证安全，灯饰和家用电器的供电线路应当适当分开，不能全部连在一根线路上。连在一起的供电线路，既

图5-1　灯饰在家装工程中应用日益广泛

不安全，也不方便，尤其对改善灯饰效果没有优势。如家庭装饰后配置的电冰箱、空调、电烤箱和微波炉等电器设备，严格地说都是需要使用单独供电线路的；还有大型的灯饰照明，最好也是使用单独的供电线路。而现实中能够给予这一类用电使用专用开关与插头就很不错了。连在一根线上的供电线路，每当出现一个小小的问题，就有可能造成整个电路断电，或关闭所有用电设置，这是很不利于电器的使用安全及寿命的，如计算机、电冰箱等，经常性的停电、通电，就容易发生问题。

对于专用电器，选用专供用电线路时，要严格按照国家相关标准规定，将强电线路及插座和弱电线路及插座的水平间距保持在不小于500mm。弱电线路的走线应该尽量避开电源线（即供电线），以防受到干扰。同时，对于灯饰供电线路，尽量将客厅与餐厅、厨房、卧房、书房，还有活动房等作一些区分，或是客厅、玄关、走廊和活动房及阳台为一

组供电线路；或是主卧房、次卧房、客房和书房为一组供电线路；或是餐厅、厨房、洗漱间和卫生间等为一组供电线路。其目的在于不造成各个区域用电受到大的干扰，更不要造成一有小问题就导致整个电路断电的状况。如图 5-2 所示。

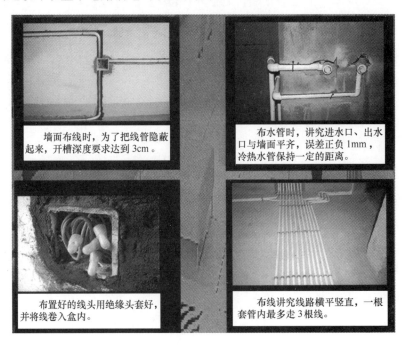

墙面布线时，为了把线管隐蔽起来，开槽深度要求达到 3cm。

布水管时，讲究进水口、出水口与墙面平齐，误差正负 1mm，冷热水管保持一定的距离。

布置好的线头用绝缘头套好，并将线卷入盒内。

布线讲究线路横平竖直，一根套管内最多走 3 根线。

图 5-2　合理布线保障使用安全

二、开关、插座改善

如果供电线路发生"质"的变化，那么，用电开关和插座的装配同样会发生根本性的改变。

以往的家装工程中，往往存在电插座装配太少的状况。若是想用灯饰改变装饰风格，更有必要多装电插座。要细致周到地布局好从客厅、餐厅、卧室到书房与活动房的用电开关及插座的质量、数量，尤其是厨房的用电开关与插座更要考虑周到，不得随心所欲、马虎了事。如微波炉一般是对冰箱内的食物进行加工，其装配的专用开关或插座就要靠近冰箱。烤箱的用电开关或插座不能装配得太低，而且与微波炉等要有一定的间距。一方面是这些电器开动之后，会产生磁场，对其他电器有一定的影响；另一方面是烤箱为下翻门，高度过低需要弯下腰开、关门操作，很不方便，故要将烤箱用电开关或插座装配在 1.2m 以上高度，以利于其摆放。

在厨房内如果使用消毒柜，其用电开关或插座装配的高度也要超过 1.2m，并且要设计摆放在水槽的右边，以利于在洗涤碗筷之后，能顺手放入消毒柜里进行消毒。如果在有条件的厨房里，可以将消毒柜的用电开关或插座装配在水槽与灶具的中间，使消毒柜的摆放处在灶具左边，烹饪时可以很方便用左手将消毒柜里碗盘拿出使用。

由于用电开关与插座的装配是家装工程的最后工序，因而必须于装饰前先确定预留孔的位置。与预埋的用电线路、有线电视天线、宽带网线路和电话线路一样，其底座也要隐蔽在墙体内。这些预埋预留的底座不可随意乱做，必须讲究质量要求。根据使用需要，应尽可能保证数量，装配时，要注意整齐美观，同一间房内安装位置的水平距离不能超过1mm，要做好排列正确，强电与弱电使用的开关或插座必须留有间距，不能因为图省事而装配在一个底座上。厨房、洗浴间和卫生间里装配的底座要防水防潮，其装配的高度尺寸离地约1.5m左右，其他地方插座距地面高度尺寸约300mm。这些都是需要严格按要求实施的。预留插座底盒应不少于6个。如图5-3所示。

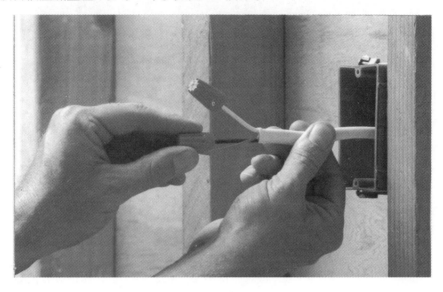

图5-3　用电开关与插座的装配

为了适应发展的要求，应在每一个居室的插座数量上留有余地。如客厅使用灯饰的灵活性是最大的，在一般情况下，家用电器有空调、电视机、饮水机和加温机等，除了空调需要专线专用插座外，其他都是需要预留插座底盒的。考虑其他用途，在客厅电视背景墙正面应装配有够用的电源插座，在墙的四角部位也应装配电源插座。

一般家庭中，餐厅既是餐饮区，又是陪客聊天区，需要经常变化氛围。除了原有的灯饰外，也是有家用电器要使用的，如电风扇、电暖气和电火锅等，需要在地面适宜的部位装配个地插，靠近厨房的两边各装配有1~2个5孔插座底面作预留，以满足其备用要求。

卧室是体现舒适的最主要区域，如主卧房、小孩房都有空调、电视、计算机、床头灯、电话机、电暖气、电褥子、梳妆照明灯和电熨斗等，除了正常的预留有有线电视天线、电话线、宽带网和电脑的接口底盒外，应当在床头装配2个5孔插座底盒，窗户下部和床尾的一个墙角下部各装配2个5孔插座盒为宜。

还有书房、活动房和卫生间里，也要根据不同情况装配插座底盒。如书房里有空调、计算机、多功能光电设施和个性照明等，有必要预留空调专用插座底盒、地插底盒和摆放计算机和照明的插座底盒。活动房和卫生间则可根据生活习惯，预留2个5孔插座底盒比较适宜。而卫生间里必须考虑防水要求，确保安全。如图5-4所示。

三、配用灯具选购

"灯为家庭装饰的眼睛"，这话一点也不错。家庭装饰后，亮丽不亮丽，美观不美观，有没有特色，从灯饰照明中就可以显现出来。而灯饰又重在于灯具本身的形状美观，要有特色、有风格，造型和色彩要吸引人。

图 5-4　在正常灯饰外须留有临时用开关与插座

那么，灯具选购应注意一些什么问题？总的要求是，配用的灯具必须形状喜人，质量优良，光亮通透。形状与装饰配套、协调，可给人好的印象，这是选购灯具时的基本条件；质量主要是说灯具的内在状况，其灯架、灯罩和灯线等材料的质量要好，因为这关系到使用安全和使用寿命的问题，是选购灯具的根本条件；光亮则要求灯具不仅美观、质量好，还要其光色、光量和光质好，方能达到上乘的使用效果。此为灯具选购的原则要求。灯具有吸顶灯、花灯、台灯和壁灯。吸顶灯为配灯，花灯为主灯，吊灯、壁灯和台灯为次灯的。按材质要求，又分有水晶灯、架子灯、石灯和铜灯等。选购灯具关键是在于合理搭配，大小协调，使色彩、形状、风格融洽和谐，光亮层次适中，效果良好。如图 5-5 所示。

图 5-5　选购灯具要亮度适中搭配合理

因而在配用灯具选购上要善于应用"五窍门"。

一是要把好安全关，这是最重要的事项。选购灯具，应当根据居室的功能来确定不同类型的灯具，安全必须放在第一位。要针对房间的高度来选择灯型。像房间高度尺寸未及 3m 以上的，就不宜选购吊杆式吊灯，重量大的水晶灯也不宜选购，其主要原因就是要保证安全。水晶灯实际是一种玻璃灯，按其含铅量的高低，来决定价格的不同。灯饰的效果是根据灯的直径大小或灯泡的瓦数来确定。因为大多数水晶体是垂饰式样，其亮丽成效、品质高低等，都与安全有着密切关系。由于有些厂商在较大水晶灯外围或醒目之处，配以优质灯球，在不显眼处则以次充好；还有仿冒灯垂饰的，这些不但影响到外观，还可能发生崩裂，使水晶灯垂饰从顶面掉下来，危害人身安全。如图 5-6 所示。

图 5-6　水晶灯的配置

　　二是要注意节能。灯饰不仅起着照明作用，更起着美饰的效果，但若选购的灯具都是强光源，不仅不节约电能，还会给人的视觉和肌肤很不舒适的体验。特别是卤钨类等高耗光能源的灯具，反而会给家庭装饰造成负面影响，选购时要尽量避免。

　　三是要展现功能性。在确定选购灯具时，应当细致地考虑灯具是否同居室面积相适应，不然会影响到其功能效果。灯具的外形大小不要大于居室面积的 3% 左右。过小有碍装饰观赏性，过大则会产生"压抑"的感觉。如果认为其照明度不够，可用增加数量的方法加以解决。如 $12m^2$ 以下的小客厅，只适宜于直径为 200mm 以下的吸顶灯；$15m^2$ 左右的客厅，也只适宜于直径大小为 300mm 左右的吸顶灯或多花饰水晶灯。根据其功能要求，客厅可采用鲜亮明快的灯光效果，这是因为客厅是公共区域，需要烘托出一种友好与和谐的氛围，色彩要丰富，灯饰要有层次、有意境和观赏性。卧房灯光要平缓、柔和与安静；书房光线要平和均匀，不要有眩光；餐厅的灯具应以发出黄色、橙色光为佳，因为这样的光照能刺激食欲；厨房的灯具光亮要清晰，不能色彩太复杂；卫生间的灯具光照要显柔和，要令人感觉舒服，不宜采用太冷的色调。如图 5-7 所示。

　　四是要显现简洁性。从装饰效果来看，灯具选购最好以简洁为原则，这样容易变换光源，尤其根据各季度对灯饰的质量和光照要求，容易将不同的灯具进行更换，就会出现不同灯光效果，并且使得其装饰格调也会跟着发生变化，给人的观感也就大不一样了。这就从简洁中把灯饰的作用进一步地发挥出来。

　　五是要体现协调效果。灯饰不能为照明而照明，灯饰的作用是要与装饰相协调，并且起陪衬甚至"点睛"的作用。这是在家庭装饰中能充分体现灯具选购得好与不好的关键所在。应用不断变化的灯具作用，可使不协调的装饰工程变得协调起来，让格调过时的装饰面貌，在灯饰中变得时新起来。如现代装饰风格主张简约，宜采用银白色、乳白色或白色灯具，但其发出黄色、紫色或橘红色的灯光，会让简约的装饰风格增添层次感和美感。

图 5-7　选购灯具要展现功能性

传统的中式家庭装饰通常选购带古典式样的灯具，其发出柔和、平缓与安静的灯光，可令居室环境平添几分宁静、和谐和舒适的感觉。如图 5-8 所示。

图 5-8　选配灯饰要与装饰风格相协调

5.2　灯饰正确配装窍门

正确配装灯饰，既是充分发挥灯饰效果的前提条件，又是明确展示灯饰作用的最好方式。灯饰装配好与不好，关系到家庭装饰的整体格调。

一、顶部灯饰正确配装

只要注意观察，就可以发现，现在家装中的顶部灯饰存在不少问题，有碍于装饰的整体效果。首先是嫌小不怕大。这种配装显然不是正确的。正确的配装灯具大小，应当同居室的面积相适应，灯具面积不要大于居室面积的3%左右。例如15m²左右的客厅，其配装的吸顶灯或多花饰吊灯的直径最大不得超过400mm，最适宜为300mm。有人觉得顶部灯饰选大的够气派，选小了会小气，因而现实家庭配装灯饰上，最常见的毛病就在于灯具过大的问题。在客厅里，经常看到的是选装最大的灯具，在小孩房、老人房和书房等居室中，则配装最小的。这样的装配，给人的感觉很不合适。过大的灯具给人一种压抑感，特别是经过镶铺地板或地砖后，原本就不大的居室空间更显压抑。同样道理，在一些居室顶部装配的灯具过小，确实不够大气，起不到装饰的效果。

有的家庭装饰工程中配装吊灯，本来是应该与现代装饰风格相协调，却硬要配装西欧式的大型吊灯，由于配装的高度不足3m，眼观过去，吊钩显得硕大，吊圈也觉得粗大，灯体更是阻碍视线，给人的感觉过于粗野，与整个装饰风格很不协调，如图5-9所示。

图5-9 吊灯配装要与装饰风格相协调

对于顶部配装灯具，一定不能在2.8m以下高度的居室里配装吊灯，因为会带给人强烈的压抑感。在客厅，吊灯的最低高度不能低于2.2m，灯具的直径不能超过了300mm。餐厅里的吊灯配装更不宜大，且其高度最好是可自由调节的。若配选"连三式"小型吊灯，装配时做点高低错位，倒显得有些观赏性。针对错层楼房的高空间，装配上大型吊灯，与西欧式装饰风格相匹配，则会显示出强大的气势与高雅的格调。

其实，对于顶部灯饰配装的关键，一方面是要突出灯具本身的个性特色，吸引人的眼球，另一方面是要求与整个装饰格调相一致，不要因为突出顶部而忽视其他，更不能因此而破坏整体装饰效果。在充分发挥灯饰作用以更新装饰风格、突出区域重点、增添活动氛围等方面，更要恰当配装顶部灯饰。

如为更好地利用灯饰保健身体和视力，提高生活质量，则要非常讲究顶部灯的色调、亮度和方位等。如为给客厅营造出宽敞、清亮和高雅的氛围，可将顶部灯光配成白色的；为给卧室营造出温馨、浪漫和激情的感觉，可将顶部灯光配成粉红色的；为给书房营造出一种健康、稳定和宁静的气息，可将顶部灯光配成淡黄色的，等等。

为使得顶部灯饰配装正确，还可以采用突出重点，相应配套的方法，形成层次分明、色彩搭配、主体感强的灯饰系统。如针对 2.8m 高度以下的居室空间，客厅一般不做吊顶，大多在四周顶部边檐，或三周顶部上檐或是在电视背景墙相平行的两边顶部上檐，做个简单的造型。在造型的下部配装射灯或筒灯，在造型上部配装多排彩色的灯带，再在客厅中间顶部配装尺寸大小适宜，形状多姿多彩，灯饰多种多样的花灯、水晶灯或吸顶灯。这样一来，便使得客厅顶部呈现出顶灯、筒灯、射灯和灯带立体灯饰的效果，使空间顶部灯光辉映，层次分明，绚丽多彩。如图 5-10 所示。

图 5-10　射灯、筒灯的配装使空间层次分明、重点突出

二、壁部灯饰正确配装

壁部灯饰处于越来越不受重视的地位，这显然是由于对灯饰的认识不足造成的。其实，从家庭装饰角度来看，对于任何有利于提高装饰效果的做法，都要充分发挥其作用的。

以往的壁部灯饰，有这样几种做法：首先是在床头、梳妆台、走廊和门厅等墙壁上或柱面上直接装配上造型精巧、外形美观、光线柔和与使用方便的壁灯。这种装配做法，不但有良好的装饰效果，而且丰富了光照层次，活跃了居室气氛，进一步发挥了灯饰的作用。

不过，直接装配壁灯，一定要根据装饰风格选购好相应的壁灯，如灯的外形、灯的大小和灯的光照度数高低，都要把握好。由于装配壁部灯饰的高度是 2.2m 左右，又靠近墙面，有的墙面装饰材料不耐高温和其可燃性，因而，在选购壁灯时，既要注意外观造型、花纹与整个装饰格调相协调，又要注意避免灯泡离墙壁太近或选择无保护隔罩式样的。另外，灯罩的透明度要好，支架应不易生锈和氧化，最好是不锈钢、铝塑或其他合金材质的。同时，要针对居室装配灯饰的需要进行选购。若是作为主要灯照使用的，其光照度选大一点的；若是用于辅助照明的，则光照度要求柔和平缓，灯泡或灯管的瓦数一般在 40～60W，最好是节能型的。而装配的要求，大面积居室可装配双头壁灯，小面积居室可装配单头壁灯；空间高大的，可装配厚型壁灯，空间低矮的，则装配薄型壁灯。双头或厚型壁灯造型丰富，可创造出浑朴的效果；单头或薄型壁灯则精致灵巧、光线透亮，体现出清新明快的装饰效果来。如图 5-11 所示。

图 5-11　壁灯的配装

　　还有利用日光灯管和射灯以半藏式和全藏式等类型来做壁部灯饰。这种"只见灯光不见灯"的手法，可给居室和装饰墙面，造成光照柔和和清亮新颖的感觉，还可带来灯饰配装丰富多彩、形式多样的印象。如电视背景墙的两边缘、玄关部位和走廊两墙角等部位，按照装饰格调要求和特殊灯饰的造型作用，不但能达到良好的灯饰效果，而且给人以深刻的印象。

在墙壁上巧妙地装配射灯可给家庭装饰格调带来意想不到的效果。射灯有下照式与路轨式两大类型。下照式射灯就是自上往下照射的形式，这种类型的射灯具有集中照射与自由散射的特征，其光源被聚集在灯罩内，式样分有套筒式、管杆式、花盆式、凹型槽式及下照壁灯式等。如果能充分地利用其优势，能给家庭装饰变化带来诸多的方便。若是为突出某个装饰造型，让其更清晰地展现在观赏者面前，就采用在其上方的墙壁上装配一盏聚光的套筒式下射灯，便可轻松地实现目标。有人为保护视力，又不想影响观看电视，便在电视机旁边配装一台绿色灯照的罩下射灯，使整个居室里除电视机的荧屏光线外，还有一种平和的灯光散落四周，给人以温馨又舒适的感觉。如图 5-12 所示。

图 5-12 下照式射灯的配装

同样，无论是装饰专业人员还是业主，都可以利用这种下照式射灯来改变环境，丰富装饰效果。如为了营造出一个特殊的环境，在客厅或书房的墙壁上装配一盏套筒式或凹形槽式射灯，照射出一个小的范围来。可根据不同气氛要求，更换不同色彩的灯泡或灯管，照射出不同凡响的一片区域环境来。

还可利用路轨式射灯的特征，突出装饰中的特色和改变居室氛围，充分地展示出使

图 5-13 路轨式射灯的装配

用者的意愿，把壁部灯饰的优点尽情地应用于装饰工程中，使得装饰格调能不断地发生变化。如图 5-13 所示。

三、底部灯饰正确配装

底部灯饰主要是指地灯、地射灯、落地灯和台灯等，有的是在家装工程中配装的，有

的是以后配的，还有的是临时配装上的。

一般情况下，底部灯饰大多是在走廊、客厅、书房和活动房中采用，以起到安全引导的作用，或是为了满足生活习惯的要求而装配。如因为有老人在家，给玄关区域的鞋柜底部和电视柜的底部装配灯饰，能起到调节色彩和照明的效果。这些是以地灯方式做的。如图 5-14 所示。

图 5-14　地灯的配装

在家装工程中，也有大胆使用地灯的光亮给装饰格调增添生气和新颖色彩的，其做法是：

在玄关与客厅相连接的部位，或是在错层的客厅上台阶到餐厅或走廊的边缘地带，以装饰玻璃方柱或圆柱做现代格调的装饰，这种装饰，比中式方柱或格窗装饰要显得清亮多了，是完全与现代装饰风格相协调的。有人为了使这些清亮的玻璃柱在夜晚能显示其特有的美丽，就应用地灯或地射灯的光亮，使玻璃晶体闪烁出多彩的光泽来。在给这些空芯的玻璃柱配装地灯或地射灯时，有的只在底端部位装配灯具，有的则在两端部位都装配上灯具，形成光线对射，其带来的装饰观赏性更好于只在底端部位配装灯具的。这种地灯的光亮，与客厅的花灯、筒灯及灯带的光亮，形成顶部、中间和底部层次分明的灯光，十分美观。如图 5-15 所示。

为给电视背景墙营造热烈的氛围，可在其地面两边缘装配向上打光的地射灯。将地射灯的光亮集中地照射在背景墙上，其效果也是很突出的。对于一座雕塑、一幅书画、一件精品或一盆景，可用套筒式壁灯来照射，使其更加醒目。若将地射灯装配在地面上，向上集中直射光亮，可使被照物更显神韵和异彩。

底部灯饰，若是配装得恰到好处，能给家装特色装饰增辉不少。

如在书柜和储藏柜底部都装配上管式的灯饰，一方面给书房和卧房及储藏室里增加了亮度，另一方面，吸收湿气（实际是光亮烤干作用），照射细菌，对书籍和储藏物起到一种保护作用。其装配的灯具有在底部的，也有在柜格里的，还有在柜外直射的。

为了进一步发挥底部灯饰的作用，营造出特有的氛围，可利用居室里的备用插座临时配装地灯、地射灯或落地灯等，使原有氛围得到很大的改变。本来居室是处于昏暗的气氛中，显得平静而又冷清，突然间将四周围的地灯点亮(临时安插上去的)，再将顶部灯饰打开，这样立刻会显现一片亮堂的居室景色，让气氛马上活跃起来。若是将临时性地灯或地射灯调配成各种色彩的，完全可以使原有的装饰风格变得新颖和美观，还可以使陈旧的或厌倦的装饰格调，在灯饰的作用下变得令人喜爱。

底部灯饰，不需要在每一个地方都做固定的配装，而是将最关键部位做成用开关控制的地灯或地射灯，其余大多部位则是充分利用装配上的插座进行调配，就可以达到随时变换的要求了。如图5-16所示。

图5-15　用地灯的光亮使玻璃柱闪烁
　　　　多彩光泽，十分美观

图5-16　底部灯饰要根据插座位置灵活布置

5.3　潜在灯饰装饰窍门

家庭装饰如何去适应新的形势、新的环境和新的挑战，使装饰水平不断提高，人们会遇到许多琢磨不透的问题，只有勇敢地进行探索，才能不断做出让业主喜爱的装饰工程。

其中，充分地运用潜在灯饰的作用和效果，是一种方便、有效和经济的手段，值得研究和总结。

一、新颖灯饰的装饰效果

灯饰的新颖性包括两个方面的内容，一是固定灯饰配装不同一般，有着多种变化，给人的感觉很别致、新奇，二是活动灯饰的配装不会雷同，通过充分利用居室的用电插座，使灯饰满足业主的需求。这种新颖性的产生，关键在善于变化和巧妙变化。要变化就要求有多种多样的灯具。从现有灯具的种类、材质、功能和光源情况来看，真是应有尽有，造型变化多端。根据灯具的种类分有花灯（吊灯）、吸顶灯、壁灯、地灯、射灯、落地灯、台灯和镜前灯等，其材质有铁皮、不锈钢、塑料、全铜、铸铁、玻璃、水晶玻璃和透明料的等；接功能又可分为照明、防水、调色和防爆灯等；以光源不同，还可分为日光灯、节能灯、白炽灯和霓虹灯。若是具体到某一种来，还可从外形上分为多种式样，如正方形、长方形、棱形、六角形、圆形、椭圆形和球形等。某一形状里，又可细分为若干种类。如球形灯具的形状又可分为大球形、小球形、两球或三球组合形、球形大小不同组合形等，而球形按色彩又可分为红、黄、蓝基本色，复色、间色及补色。若是从外形、造型和色彩进行变化配装，也可以创造出许许多多新颖的式样来。如图 5-17 所示。

图 5-17　样式新颖的灯饰

　　按照现有家装中的正常做法，客厅有花灯、餐厅有吊筒灯，卧房有吸顶灯、走廊有筒灯、玄关有射灯，书房有落地灯、洗漱间面镜上有镜前灯等。但若打破这些常规，在客厅不配装花灯，而用小型吸顶灯装配成梅花形、十字形、立体形等组合形灯，一定会给人以非常新颖的感觉的。

　　其实，配装灯饰不在于太多，关键在于实用，如图5-18所示，灯具似乎装配过少，不具太多的观赏性，但这却为配装临时灯具带来便利的条件。若业主对灯饰照明有新的要求时，完全可以按照个人的需求，应用新颖的灯饰效果来改变装饰格调。如在进入大门的走道多装配几个用电插座，插上临时灯具，向上直射灯光，若灯光为红色，那么，从进门到客厅，整个公共区域就会呈现出热烈、喜庆和暖洋洋的气氛来；若是感觉夏日气温发热，心情烦躁，可将临时性灯饰配装成深蓝色，吊灯和灯带配装深蓝色灯泡或紫色灯泡，这样一来，家庭灯饰成为冷色调，整个居室公共区域变得深沉与宁静，炎热感和由此产生的烦躁感也会逐渐去除。如图5-19所示。

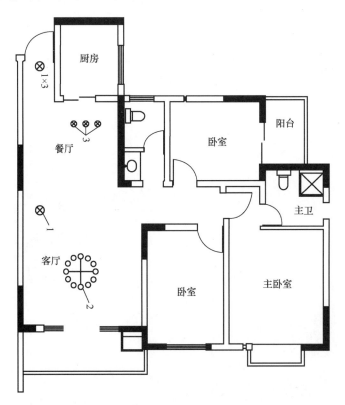

图5-18　装配少量灯具为配装临时灯具带来便利

二、亮丽灯饰的装饰效果

　　所谓亮丽，即明亮而美丽。家庭灯饰的目的，就在于使家庭明亮而美丽起来。

　　那么，家庭装饰如何达到亮丽的效果？从长期的工作实践中得出的经验表明，即使再好的装饰设计和施工，如果没有灯饰的作用来加强色彩和光线，也很难衬托出装饰成果。由此可知，灯饰是亮丽家庭装饰不可缺少的关键条件。凡有过装饰经验的专业装饰人员，都是非常重视灯饰的配装的。

现在的家装注重"简约型"的轻装修、重装饰，因此很有必要将灯饰的亮丽性从这样两个方面去把握：一是在做装饰工程的时候，使灯饰配装具有亮丽的效果；二是在潜在作用方面做好充分的准备，以灵活的方式给固有的亮丽装配灯饰以补充和变化，不使居室长期处在一种氛围之下。因为，即使再亮丽的环境，随着时间的变迁，也会逐渐失去观赏性与兴趣点。而如果能以变化手段给人以常变常新之感，那么灯饰亮丽性的效果，就会是经久不衰了。如图 5-20 所示。

图 5-19　大门走道处多配置插座　　　　　　　图 5-20　灯饰带给人的亮丽感
　　　　　便于安装临时灯具

其实，居室亮丽不亮丽，与居室内外环境，以及人的心情有着密切的关系。每当居室外的环境空旷美丽，人的心情兴奋而又高亢时，对于居室内的亮丽就不容易体会得到了；而当人的心情压抑，室外又处于阴霾中，此时，室内装饰在灯饰的作用下，反倒容易呈现亮丽感。同时，在人的心情好的时候，如果将装饰环境在灯饰布局下给予变化，也能使人较好的体验到居室的亮丽感。这样，装饰专业人员和业主，就要善于利用人的心情变化和外部条件，甚至是季节及阴冷晴暖等天气状态，对灯饰光线和色调进行有成效的调节，尤其是要善于利用临时性灯具，使家庭装饰始终有着亮丽的感觉，给业主和来访者带来好心情。

对于灯饰亮丽性的感受，既随人的心情，又随气候条件的变化而改变。夏季气候炎热，人易心浮气躁，就不要配置光照强烈，色彩红艳的灯饰。这样的气氛，不但不会让人感到亮丽，反而觉得厌烦。倒是在光线偏弱，色调以蓝紫色为主，间有橘黄色的环境里，容易感觉到装饰的亮丽性。在冬季寒冷的气温下，室内的灯饰光线与色调则是以强烈和火红为佳。由此，给人们一个启示：灯饰配装不宜多，重在精与巧；公共区域的灯饰，以能调节光线和色彩的为最佳。餐厅灯饰以秀美精巧为主；客厅灯饰以同装饰格调相配套为重，灯具不能过多，以相对于客厅顶部空间面积的 3% 左右为宜，应能作多次调节，还能体现出层次感来；走廊灯饰要与墙漆色调相协调，反差不能太大，应当配有顶灯与壁灯，甚至配有地灯，让各种灯饰光线交相辉映。每当需要调节灯饰气氛时，再动用临时灯具，经常变化灯饰光线和色彩，使得家庭装饰总处于亮丽灯饰中，鲜艳无比。如图 5-21 所示。

图 5-21　灯饰配装重在精与巧

三、柔和灯饰的装饰效果

灯饰光线和色彩的柔和，与家庭装饰以舒适为目的是相一致的。人若生存在柔和的环境里，无疑是很惬意和舒适的。

柔和性灯饰，与所选购的灯具关系密切。像节能灯、日光灯和经过透明塑料、玻璃及水晶玻璃等透射的光线，就很具有柔和性，不刺激眼睛和不伤害皮肤。因此，要得到柔和性的灯饰效果，首先在于会使用灯具。如图 5-22 所示。

柔和性灯饰，主要配装在餐厅、卧房和书房等居室内，请注意这些居室配装灯饰的柔和性要求是不尽相同的，如餐厅配装柔和性灯饰，要能给人以温馨感，能刺激食欲。像装配橙色白炽灯，经反光罩，以柔和的光线映照餐厅，形成橙黄色的环境，可给就餐者一种舒适感。而书房是要体现明亮、安静和雅致的区域空间，不仅要求采用的自然光是间接的，因为不能在太强或太弱的光线下看书写字，要防止眼睛的疲劳和不适，而且要求人工配装的灯饰光均匀、自然与柔和，

图 5-22　卫浴间选配柔和性的灯饰

不加任何的色彩。同时，要配装稳定的光源，如白炽灯泡，不要仅用日光灯、节能灯等。尤其是由青少年看书写字使用的灯具，更要配装柔和性的稳定光源，不容易造成眼睛疲劳和使眼睛受到伤害。重点部位还要有局部照明。若是有门的书柜，可在层板内藏灯，方便查找书籍；若是敞开式书架，可在书架上部装配射灯，选择柔和灯光进行照明。至于看书和写字，最好使用可以调节角度和明暗的台灯，以增加使用时的舒适度。如图 5-23 所示。

图 5-23　书房灯饰配装

　　卧房是睡觉休息的区域，也是私密的空间，配装的灯饰既要显现出柔和性，又要营造出温馨的氛围来，其装饰性要放在第一位，实用性则是次要的，只要能应用就行了。主灯的配装造型与卧房的整体装饰风格要相一致，大都选择无眩光的深罩型灯具，像顶部装配的是透明塑料罩或玻璃罩的吸顶灯；墙壁上装配的是透明玻璃、压花玻璃或磨砂玻璃等为外罩的壁灯；床头上最好配装能调整角度和亮度的落地灯或台灯，其光线是以柔和为主，便于做简单性阅读和起夜有亮光不扎眼。

　　儿童房和老人房的灯饰，更是要讲究柔和性。从保障儿童视力和身心健康不受伤害，以及从安全角度来看，最重要的还是配装的灯饰要柔和，不能太明亮。可选择安全性好、不易破损的吸顶灯为主灯，如透明塑料外罩的，其透明性比较好，且透光均匀，并且最好是采用白炽灯做光源。

　　老人房的灯饰，同样要求是柔和性的，但明亮度却要高一些的。这与老人视力下降、活动不便有密切关系。其装配的吸顶灯可以白炽灯做光源，用薄型透明材做灯罩。在床头配装落地灯或台灯，其光照度也需要强一点，但不能是刺激性光亮，柔和均匀的灯光更适合一些。如图 5-24 所示。

　　总而言之，柔和性的灯饰要求既要美观大方，又要光照柔和，要给人以舒适的感觉。除正确选择灯具、装配上要达到要求外，还可用临时性配装灯具方法给予补充和调节。

图 5-24　老人房灯饰配装

四、富有情趣灯饰的装饰效果

灯饰的情趣性，是通过两个途径来实现的。其一是灯具本身的造型和色泽。如中式宫灯，通过其形状和灯上所绘仕女、吉祥图案，透出古色古香而又雅致的中国风情；大型水晶吊灯，灯杆镀成金色，灯罩绘上金纹，显得豪华典雅；满天星式顶灯，二三十支灯头孔雀开屏般四面散开，给人以缤纷之感；彩灯串，点缀在圣诞树上闪闪发光，散发出欢乐的情绪；红灯笼，体现出中国传统节日的喜庆气氛；动物形态的台灯，充盈的是可爱的童趣……其二是利用光色和光的强弱来加以营造。

利用灯饰变换色彩，可让家庭装饰长期保持良好的吸引力。家庭装饰是需要色彩来点缀才美观的，但是，最好的色彩与最美观的装饰，随着时间的推移，也会发生变化，其美感会逐渐变淡的。这样，善于运用灯饰色彩的变化，经常根据自己的愿望进行有目的性的调节居室色彩，使装饰效果不再一成不变，而是能够随时变化，因此可产生出无穷的乐趣。如餐厅，若在夏季里把主饰灯配装上绿颜色的灯泡，那么整个餐厅在灯光作用下，立即变成了淡绿色的。由于淡绿色是自然绿的感觉，会起到镇静安神的作用，使浮躁不安的心情平和下来，同时使人增加食欲，还有利于身心健康。到冬季，寒气逼人，室外白雪弥漫，一片冰冷的感觉。此时，从餐厅到客厅，再到卧房与书房，将所有的灯饰配装成橙色、红色和黄色，使这暖色调灯光充满家庭内部，带给人暖融融的感觉，心情必然会格外舒畅。

利用灯饰变换色彩，营造氛围。若喜欢热闹喜庆，就配装以红色为主的灯饰色调；喜欢活泼、具有生气，就配装上以淡黄或淡绿色为主的灯饰色调；喜欢宁静平和，就配装上以深蓝色为主的灯饰色调。如此这般，只需简单地更换一下灯色，就可按照自己的意愿营造氛围。如图 5-25 所示。

利用灯饰光线的变化来丰富造型，可给业主不断地带来了乐趣和享受。不同的光线亮度

图 5-25　利用灯饰变换色彩营造氛围

会给予人的心情以不一样的体会。当居室空间过高时，会给人空荡荡的感觉。此时，可将墙壁上的壁灯改成向上发光的形式，使墙面与空间分成阴晴不同的式样，减少过高空间给人带来的空荡感。若是居室空间低矮，感到压抑，则不妨在四周顶部做一圈窄式吊顶层，内藏向上直射的灯光，或者直接从地面配装向上投光的射灯，这样明亮的光线会使人感到居室空间变高、变空。同样，利用灯光线条的变化，能使居室内空间更具层次感，产生出更多的情趣来。像三角形或矩形装饰的墙面，将灯饰的弧形光线投射上去，就会使造型丰富起来；如果对一装饰造型，分别采用上射、下射和背投光源，而这些射出的光线又采用不同的色彩，这样一来，给人的感觉是居室里似乎又增加了几个新造型，会给人以更多的趣味点。

利用灯饰的光亮，还可以调节、划分和明确区域，而且用这种方式体现的区域更具通透感。如在沙发、茶几上直接投射下灯光，会给人感觉到是一个明确的会客区域；又如在餐桌上方悬挂橙色调的长线吊灯，其光线照在餐桌四周，会让人体会到就餐的氛围。同样，采用灯饰光的不同，强调出一个特殊的区域，可吸引人的注意。应用灯饰的作用进行富有情趣地操作，会使使用者感到无穷的趣味。如图 5-26 所示。

图 5-26　利用灯饰的光亮进行区域划分

6 把握特色装饰使用窍门

毫无疑问，工程完工后，配饰的家具、布艺和装饰品，就要投入使用。这样，就必然会有使用的方法和注意事项，其目的是在于爱护装饰、家具和布艺等，延长其使用寿命。这显然是十分有必要的。

在现实中，有不少因为使用不当而造成装饰和家具等损坏。这里重点介绍使用上值得注意的问题和给予补救的方法，特别是家具使用上出现的问题。

6.1 装饰安全使用窍门

家庭装饰的安全使用，是每一个业主都非常期盼的。因为，谁也不希望装饰好的工程在使用中很快发生这样或那样问题。

俗话说，做好困难损坏易。其实，每一个家庭装饰工程，无论从财力、物力和精力等方面，都是耗费许多才做成功的。而当还未能尽情享受就出现损坏时，给人心里的伤害是不言而喻的。于是，安全使用方法和补救良方，就体现出了重要性。

一、谨防潮气

家庭装饰投入使用后，最要紧的是防水防潮。受潮、膨胀和变形等问题，使木制品、涂料和电气设施等多个方面的工程，都会不同程度地受到损害。

潮气，是因潮湿或水蒸气造成的，对家庭装饰的破坏性很大。木制品，包括装饰造型或框架，木制家具以及门套、门扇等，如果受了潮气的影响，就容易发生变形，严重的由变形而腐蚀，会大大缩短木制品的使用寿命。木制品上的油漆受到潮气的侵蚀，会由内而外地出现白斑、霉斑和黑斑，将油漆保护层破坏，从而损坏到涂饰层和木制品。若是墙面涂料受到潮气影响，墙面会起泡、起皱和脱落，变得面目全非。还有电气线路、开关及插座，因潮气影响，会引发漏电、短路和损坏使用的灵敏度等一系列事故的发生，其造成的危害不可小觑。

潮气主要是由于地面潮湿和水汽重及不通风等原因引起的。一些家庭在装饰竣工后，以保护清洁为由，紧闭门窗，而家里经常使用湿抹布和拖把，洒水拖地，清洁家具。卫生间和洗浴间及厨房内用水不断，又长期使用空调等，使水气和湿气长年累月地"闷"在室内，使得木制品、墙面和地面及顶面不断地吸收散发的潮气，久而久之，终成饱和状况而发生湿变。如果不能及时地改变这种状态，就会发生各种意想不到的问题，损害到家庭装饰的工程质量。

要防止潮气损害，一般情况下，必须是经过一个"年轮"（即经过一个春、夏、秋、冬的时间）再进行装饰。其实，有的住宅要经过一年半的时间，最好是经过两个夏季再进行装饰，这样墙体内的湿气才能够基本挥发完。这是针对中间层的住宅而言。如果是第一层和最顶层的住宅达不到完全干透的标准。不过，无论是给干透还是未干透的住宅进行家庭装饰，在木制件和靠墙面的木制家具进行组装前，一定要在墙面和与墙面接触的面上做防潮处理。处理的方法有给墙脚边涂饰防潮涂料，或是给木制件、木制家具底面粘贴防潮膜，或涂上防潮涂料，以防潮气从底部侵入。要是木制件和木制家具接触到顶部的，则需要从顶部粘贴防潮膜或涂上防潮涂料，另外在卫生间隔墙放壁柜的，要在墙面涂饰防潮涂料，高度不低于 1.8m 再放壁柜，背板要贴满防潮膜，才能够有效地防止潮气的侵入。

如在现场做门套，尤其给卫生间、厨房和洗浴间的木门装配木门套时，必须给木制品与地面和墙面接触的部位，既涂上防潮涂料，又装配上防潮膜，采用"双管齐下"的方法，才能有效地防止水汽和湿气的侵入。同时，不要在下雨雪的天气和潮湿很重的天气下进行涂料的涂饰施工，有时也不要在雨过天晴、气温很高的状况下进行涂料施工，因为这都是不利于防潮的。如图 6-1 所示。

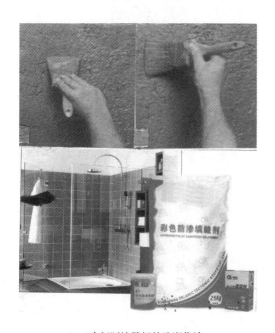

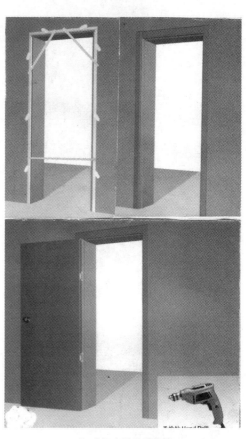

a) 卫生间隔墙壁柜的防潮作法   b) 木门套的防潮作法

图 6-1　谨防潮气

铺设实木地板时，每块与每块之间要留有 0.3～0.5mm 的间隙，在整个居室的周边，应留有 8mm 的空隙。而对复合木地板的铺设，一般只在居室四周留出伸缩的缝隙。使用时，切不可用太湿的抹布去清洁地板，尤其在阴冷潮湿的气候条件下，更要注意到不要人为地给木地板增加湿气。在太干燥的日子里，可用拧干的湿抹布对木地板进行清洁。这样，才有利于木地板的保养，不出现或少出现大的湿胀干缩问题。

对于储藏柜的板式木门，在装饰竣工后，有人喜欢将这些木门和木制抽屉进行大敞开，其用意是借此释放柜内的苯和甲醛及不良气味，这其实是大可不必，因为这样会对木制门和抽屉造成大的伤害。采用人造板材加工制作的木门，只有在关着门、受到门碰和铰链的吸力与压迫力的约束、经过 3 个月的时间后，才定得了形。

谨防潮气，重要的还在于时常给居室通风。开启门窗，保持一定时间室内外空气顺利流通，尤其在湿气重的季节，更要加强通风，可采用电风扇、吊风扇和排气扇等，将室内潮气尽量排除，保持室内比较适合的空气干湿度，才可保证木制家具的使用质量。如图6-2 所示。

图 6-2　保持室内适宜的干湿度，才能保证木制家具的使用质量

二、谨防毒气

每个业主都希望家庭是"环保健康"的，然而，现有的装饰材料，还不能完全达到目标，假若是贪图便宜，不购买正规厂家生产的材料，则会更加令人担忧。

装饰后的居室发生甲醛、甲苯和其他毒气危害，其根本原因是使用了质劣的装饰材料。其中，甲醛来源于人造板材和胶粘剂；苯主要来源于胶粘剂、油漆和其他涂料；劣质的混凝土和花岗石等装饰材料，主要是放射性毒气"氡"的来源。在装饰材料的使用上，大多数的正规装饰公司是不会使用劣质材料的，而一无证照、二无资质的"游击队"，则很有可能会使用劣质材料、过期材料和非正规厂家生产的材料。

据有关资料表明，甲醛是世界公认的潜在致癌物，它刺激眼睛和呼吸道黏膜等，可最终造成人的气管功能异常，肝损伤，肺损伤和神经中枢系统受到影响，还能致使胎儿畸形。甲醛的释放期长达 3～15 年，装修后一两年时间内，甲醛是不可能完全挥发掉的。

苯是最强烈的致癌物。人若在短时间内吸收高浓度的苯，会出现中枢神经系统麻醉的症状，轻者头痛、头晕、恶心、乏力、意识模糊，重者会出现昏迷和呼吸道衰竭。

氨，虽然无色却具有强烈的刺激性气味，常附着在皮肤粘膜和眼结膜上，会引发炎症，减弱人体对疾病的抵抗力，引起流泪、咽痛和呼吸困难，甚至造成头痛、头晕和呕吐等症状。

氡是最主要的放射性物质，既看不见，又嗅不到，即使在浓度很高的环境下，人对氡也毫无感觉，然而氡对人体的危害是长久的，甚至可以说是终身。它是导致肺癌的第二大因素。

由此，对于装饰毒气的谨防，必先从正确选购和使用装饰材料入手，切不可选择劣质装饰材和由劣质材加工制作的家具，而必须选用符合国家标准的、污染少的装饰材料。同时，实施简约化装饰做法，在实用性和环保上多加考虑，待时机成熟，再从后配饰上将家庭装饰的舒适度和美观度提升上一个新台阶。如图 6-3 所示。

图 6-3　选用的装饰材料要符合国家标准、污染少

装饰竣工后，多采用植物净化手法，有目的地选择适应的绿色植物，帮助净化室内空气。如在 24 小时照明的条件下，芦荟可"消灭"$1m^3$ 空气中 90% 的甲醛；常春藤、龙舌兰可"吞食"70% 的苯；常见的月季和玫瑰能吸收二氧化硫。同时，可经常地应用科技除毒商品，如甲醛去除剂、空气清新剂和其他各种综合方法去除家庭装饰毒气。最有效、最实用且最方便谨防毒气的方法，还是经常开门和开窗透风，每天通风换气不少于 2 小时。对于新装饰的居室，无论什么状况，至少在 30 天后再搬进入住。

针对于青年夫妇的家庭装饰，在选材及装饰竣工后的防毒气措施上，更需要加以注意。从装饰安全和少受毒气的侵害考虑，最好以"简约型"为佳。一方面是为经常变化的装饰潮流留有余地，另一方面则是为自身和下一代少受毒气影响制造条件。不仅是墙面与顶面只做简单的仿瓷和白乳胶的涂饰，而且地面铺设木地板最好选择实木地板或竹木地板，不要镶贴瓷砖，更不要在窗台板和过渡板等部位镶贴瓷砖或花岗石一类材板。因为，这些板材是释放氡气的主要来源，不利于年轻夫妇和未来婴儿的身心健康。所以说，谨防毒气是时时处处和方方面面的，千万不可大意。如图 6-4 所示。

图6-4　谨防毒气要体现在家装的各个方面

三、谨防色害

由于色彩能给家庭装饰注入新的活力，呈现独特的效果，现在的家庭装饰中比较流行强烈的色彩，这是个人选择的自由。不过，任何事物的发展均存在着两面性，在得到色彩装饰有益一面的同时，还是不要忘记其负面影响的一面，这才能真正辩证地看待色彩在家庭装饰中的作用。

谨防色彩危害，为的是提醒装饰专业人员和业主，对于色彩的应用，不能处于一种盲目状态，而应当根据实际状况，实事求是地进行。色彩是由颜料与掺入颜料中的各种成分所形成，就颜料本身的来源，又分为天然颜料和人造颜料，按其在涂料中的作用，主要是起着着色、防锈和体现特色的作用。现在用于家庭装饰的颜料，大多是人造颜料，因此难免存在着有害物质。这样一来，就不得不防范其给人体带来的危害了。

在家庭装饰工程中，常应用到的红色颜料有朱砂、甲苯胺红、锑红、铜红和氧化铁红等；黄色颜料有铅铬黄、锑黄、锌黄、铜黄和氧化铁黄等；蓝色颜料有群青、酞菁蓝和古蓝等；白色颜料有钛白、铅白、锋钡白和氧化锋白等；黑色颜料有炭黑、铁黑、氧化铁黑和苯胺黑等；绿色颜料有酞菁绿、铅络绿和氧化铬绿等。还有由金属粉末制成的金属光泽颜料，如铝粉为银白色，铜粉为金色等。由此可知，装饰中的颜色成分的化学有害成因是多个方面的。这对于企盼健康环保装饰的装饰专业人员和业主来说，就不得不慎重地去选择颜色涂料了。如图 6-5 所示。

图 6-5　家庭装饰中色彩的应用

四、谨防损坏

给家庭进行装饰是为了使用，而使用和维护的好坏，是提高使用率的关键。

从主观愿望上，谁都会对家庭装饰小心使用，不会随意损坏的。但是，小心翼翼不等于不会损坏，重要的是要懂得如何防止损坏，以及用什么方法给予修复。其实，无论何种装饰，一点也没有损坏是难以做到的。像墙面的裂缝，这是装饰中和装饰后最为常见的问题，严重地影响到装饰美观和使用，必须及时给予修复。

修复一般性墙面或顶面裂缝，是先用废钢锯条或其他类似工具将裂缝扩大和加深，使其疏松的边缘得以清理干净。接着用喷头或刷子将裂缝基层表面彻底湿润，然后用胶液和水将补缝材料调成黏稠状，用韧性好的腻子刀或铲子，把补缝材料填入裂缝内，使得缝隙内都很充实，并高出表面 1mm。待干透后，用磨砂板磨平打光补缝材料。若是出现表面欠缺和存在砂眼的情况，则要进行再修补和打磨，直到补缝无缺陷和符合观察要求，就在上面及其周围给予表面涂饰，使之与整个墙面或顶面从色调到平整光滑度成为一个样，才能说得上修复如初。修复稍大的裂缝的方法也是大同小异，只是更需要细致和下功夫了。如图 6-6 所示。

图 6-6　修复墙面裂缝

清除弹性地板面上的污垢，也是经常会遇到的事情。由于不小心或是小孩的行为，弹性地板的表面沾上油污、糖渍和其他污秽物，那么，必须及时清除干净。假若被污损的地面比较大，而且造成表面与下层的相互污损，就必须采用强氨水或去污剂进行清除，然后再用家用漂白剂适量兑水进行清理，才能达到理想的要求。对于平常污渍的清除，可按日常方法去做，一般使用去污剂、清洗剂、洗洁精之类的就可以去除掉。

如果弹性的地板面被磨损，造成残缺或破损，需要进行修补时，就取一块与原样型花纹、材质相同的材料，其尺寸相应稍大一点。先将修补的材料放在损坏的部位，就地对准花样图案或纹理，用一块方整平直的木板或方型铁块压住上方，待测量准确和画上切割线后，再用一块木板或铁板沿切割线压着，使用锋利的切割小刀，透过新老两层材料进行切割，接着移开新切割材料，按照切割线彻底清理干净旧地板面和其基层。然后，用胶粘剂涂抹在基层上或修补材的反面，进行就位铺贴，上面平衡地加压重，24小时后撤去。如图 6-7 所示。

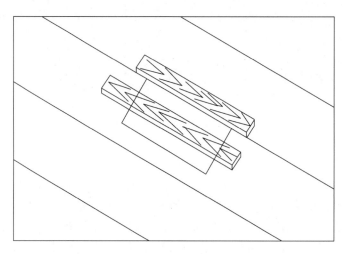

图 6-7　用木枋压着切割损坏地板面修补

木地板的修补和铺设地板的操作方法大致一样。而不一样的操作是，由于木地板是企口形的，在修补的时候，先在已损坏的地板中心横向钻一系列的搭接孔，钻孔时不要过多地深入木地板。接着用凿子凿或用刀锯锯的方法除去损坏木地板的榫舌，使其分开，再撬出损坏木地板，或者用斧子和宽板凿从中间劈开取出，将其邻近的木地板修复好。

再按照损坏木地板的宽窄和长短尺寸测量好，锯割出新的木地板材料。而这块材料的材质和外观色彩及木纹理应尽量与原木地板一致。为使修复顺利，还得将企口底部的一半去除掉才好铺设。如图 6-8 所示。铺设时，修补的木地板的企口与榫舌都要涂上胶粘剂，这种胶粘剂大多是白乳胶。先将有榫舌的新木地板插入老的木地板企口内，再将去掉企口底部一半的一侧，用木板块端部并沿着纵向把铺设的木地板槽边打入进去，使之呈平衡状，或是对着定位孔铺平，使用带胶粘剂和圆纹钉，并将钉头冲入板面以下，用腻子填平钉眼，涂上相适应的涂料。

再则是对于墙阳角的修复，这是家庭装饰投入使用后容易出现的问题。这些阳角大多处于走廊、玄关、阳台和客厅转弯的部位，稍有不当心，就将这些墙阳角或柱子角碰缺一块，给视觉和心理上造成不舒适的感觉。这时，就必须给予修复。修复这一类阳角，应当先将松动的部分完全清理干净，在见硬底后，再将修理的部位用清水湿润透，用胶粘剂

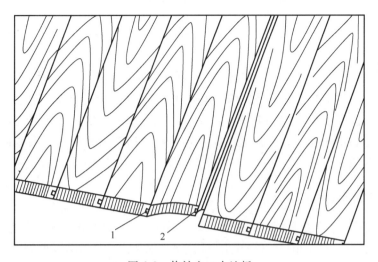

图 6-8　修补企口木地板
1—榫舌先插入企口内　2—去掉企口底部一半，再将木地板安装好

（主要是白色胶漆或白乳胶等）兑水将石膏粉或白色水泥调成膏状，再以腻子刮刀或抹子等工具，将湿润的部位抹成方正角形，待干透后，用磨砂板磨平打光，涂上乳胶漆。有的为防止再碰坏，在修理时，修复成倒角形状，用石膏或白色水泥填补上，磨平打光，涂上乳胶漆。如图 6-9 所示。

图 6-9　修补墙阳角

6.2 家具安全保养窍门

在进行家庭装饰后，大多要配饰新家具。因此，对于家具的安全保养是非常重要的。特别是有的业主花重金购买的家具，稍有损坏就要千方百计地给予修复，方得安心。由此可见，家具安全保养不是一件小事情。故在日常生活中细心使用，既可延长家具使用年限，又可减少不必要的麻烦事。在这里，主要针对如何使用和保养好家具做些介绍。同时，对日常出现的小问题，给出相对应的处理方法，不留有遗憾。

一、家具使用保养

首先，对需要搬运和重新装配的家具，最重要的是不要碰伤和损坏。当把两个平开门打开90°时，用手向前轻拉，柜体不能自动向前倾倒；书柜门的玻璃装配要经磨边处理，推拉灵活，没有阻塞的感觉。装配好的储藏柜，其柜门缝要调配均匀，开启灵活，放置的地方不可有太阳光直接照射在上面，否则容易变形。也不要放在暖气附近，以防木材含水率变化大而影响到柜体。当漆面上有灰尘的时候，千万不能用化学光亮剂进行擦拭，可用毛掸除去灰尘后，再用阴干的清洁湿布轻轻擦去灰尘，现出饰面原有光泽，这才是正确的做法。

有的业主对家具有偏爱，但是不在质量上讲究，却在数量和大小上做文章，嫌小不嫌大，购买的家具尺寸和居室空间不相配，使得居室满满的没有空的地方，这样是不适宜于家具使用和保养的。请记住，购买的家具必须合适，以位置定家具，且宜少不宜多。最佳的做法是，选购的家具适宜于多个摆放位置，且从高度到宽度，再到色彩，都要求搭配合适为好。桌椅选购太高、太矮或太拥挤，都会令人感到不舒服的。并且，要求家具的式样要有变化，如果式样单调，从这边看到那边都是一个样，会让人厌烦，从而降低保养的积极性。如图6-10所示。

图6-10 家具摆放不可过满

当家具表面被划伤或失去漆色的光泽时，如果伤痕轻微，是不必重新涂饰亦能恢复的。其做法是在损伤部位及周围用棉花擦上一点儿松节油就可以了。因为松节油能使罩面涂料自行稀释，并向擦伤处流动，待松节油挥发后，便自然硬化，这样一来，擦伤的痕迹便消失了。

同样，对于深色家具的表层出现划痕，也不用重新涂饰就可恢复。其做法是使用喝剩的咖啡，将其倒入冰盒，放入冰箱存积下来，当发现家中有褐色、棕色和其他深色家具表面出现刮痕时，便将咖啡溶化涂在刮痕处进行擦拭，干了之后，再用蘸着咖啡的湿布擦上几次。经过这样处理，刮痕就不会明显了。如图 6-11 所示。

图 6-11 深色家具划痕的修复

涂饰的家具在使用多年后，表面光泽一定会黯淡许多，显得陈旧无华。于是，不妨用开水泡上一壶浓浓的茶叶水，待其稍凉之后，用软布浸透，去擦拭家具涂饰的表面一两次，完全可以使得家具表面光亮起来，与新的涂饰没有多少区别。

藤条、棕榈外皮制作的藤式家具，具有良好观赏性和实用性，如藤式椅子、沙发和床铺等，使用起来很具有弹性，且显得轻巧。这种家具的使用保养很简单：将一匙盐溶于 1/4 升的热水中，以布或软刷子蘸着盐溶液进行擦洗，便能清洁干净，还不损藤条。擦洗完毕后，再用一块干净的布擦掉多余的水渍，再用吹风机把藤编部位彻底吹干就好。这样，可保持藤质的色调和柔和的光泽。如果欲使藤座能保持良好的状况，具有自然的弹性，在第一次编织时，应将藤条光放入热水中浸渍数分钟，再自然晾干，这样更有利于拉紧，使修补的效果更好一些。如图 6-12 所示。

二、家具污痕去除

家具在使用中出现污痕是经常的，不足为怪。对不同材质的家具，采用有效的污痕去除方法，就不难解决问题。

图 6-12   盐溶液可保持藤质家具的色泽

如针对木制家具表面的污痕，要视污物而采取方法予以去除。像木制家具表面的烫伤为白色周围或斑点，水渍则是侵入的。一般情况下，只要按照家具清洁剂上的说明要求去做，便可以去除这一类的污痕。假若这样做不起作用了，可试着用布蘸着打火机油进行擦拭。如果这些方法还是去除不掉水渍，就可以去掉薄薄一层涂饰层，用香烟灰和柠檬汁进行擦拭；若还擦不去，便可用风化石与轻汽油擦拭。擦拭时要不时擦干净表面，观察水渍清除状况。如果再不行就要用其他方法清除水渍，然后再重新涂饰家具表面。

如果家具表面是墨水或酸的污渍，清除时要先用细砂纸或风化石轻轻擦拭变色的部位。较深的污渍是需要重新做涂饰的。尤其对贵重家具上出现的这一类污渍，在用细砂纸打磨时必须小心，不可以伤及木材本色，因为恢复原有色泽是很困难的，一定要细心做好。如图 6-13 所示。

大理石台板表面的污渍，现在已有不少的去污剂可以使用，也可使用自制大白粉和灰浆进行漂白去污。用灰浆抹在污痕上后，加几滴家用氨水，并用塑料薄膜覆盖来保持

图 6-13   家具表面的墨水或酸的污渍

潮湿，过几分钟便可去除污痕。不过，最好的还是使用现成的去除污痕专用剂比较可靠。

　　去除皮革上的污痕，又不伤害皮革的光泽和柔软质量，使用清洁剂比较好，如果不方便，也可用家用蜡来去除污痕。不过，在使用清洁剂或家用蜡时，都必须以湿布或棉团或海绵进行涂抹，再用软干布轻轻擦拭干净，这样可去除皮革上的污痕。为保养好皮革，不管是天然皮革，或是人造皮革，都可用皮革油打光，对出现的污点，用洗涤剂擦洗，使污痕即现即清除为佳。如图 6-14 所示。

图 6-14　使用清洁剂或家用蜡去除皮革上的污痕

　　在家庭中，有不少业主喜欢用装饰织物将家具罩着，对保护家具起到了良好的作用。家具外罩织物在家庭中使用比较广泛，如客厅、卧室、书房和餐厅等区域，有许多家具都使用了织物外罩。而且购买的家具，如沙发、席梦思、靠垫和椅子等，本身就带有织物部分，这样难免出现被各种残物污秽的情况，且仅是洗涤还不能达到去除污痕、恢复原样的效果。因而，需要针对不同织物品种，采用去污有效的溶剂和方法才行。如针对不可湿洗和只可干洗的织物，即使遇到同一类污秽，其去除的做法也是不一样的。像对经常碰到的乳汁、茶水、可可或咖啡等饮料类的污渍，对于可用水洗涤的织物，就可以先擦去表面污秽，再使用 0.5 升温水溶上 30 克左右的硼酸溶液进行漂洗或搓洗，达到去除污痕的要求。而只可干洗的或价格贵的织物，如也采用水漂洗做法，则会产生变形，恢复不了原貌，造成更大的损害。因此只能在先擦去污秽物后，再用毛巾蘸着去污剂进行擦拭了，然后再用干净软布浸着清水，拧干后擦净。

　　油脂的污染造成的污痕，对于可用水洗涤的织物，先用去污剂进行反复轻擦后，再用清水浸泡。浸泡时要一边用洗洁精和着污痕进行重点搓洗，一边将整个织物用肥皂或洗衣粉洗净，再用清水漂洗干净。至于只可干洗的织物，则只能用去污剂进行轻擦了。如果这两种不同洗涤方法的织物被胶粘剂污染了，其湿洗织物必须用温热的白蜡水浸泡1分钟，再搓洗和漂洗干净。若是树脂类胶粘剂污染的，可用指甲油清洗清除。但还不适宜于合成纤维织物使用。若是只可干洗的织物，只能用海绵蘸着肥皂水擦后，用洗洁精擦拭污点，再用清洁凉水擦拭干净即可。如图6-15所示。

图6-15　被油脂或胶粘剂污染的家具织物

三、家具损坏修复

家具在使用中受到损坏是不可避免的，但要注意的是一定要爱护家具，不要人为地去损伤家具。

如家具饰面的涂饰出现微小裂纹，假若不及时给予修理，会造成起壳、脱落和大块开裂的连锁损坏，因此，对于饰面的小损坏，必须给予快速修复。先是要洗干净涂饰的表面，应用中性洗洁精洗涤去污，干净干燥后，使用由2组份松节油，3组份普通清漆和4组份亚麻仁油组成的混合溶剂，对小裂纹的表面进行多次擦拭，可起到修复的效果。同时，针对硬木涂饰面上的细微裂痕，可用色泽一样的蜡棒进行修复；还可在深色小裂纹的饰面上，用一支蘸着碘酊的笔涂抹在小裂纹上进行修复；还有利用洒水形成的潮气，或是利用放在电熨斗下面的湿布产生出的热气，促使木材纤维膨胀，并使得小裂纹或凹痕挤密弥合。如图6-16所示。

对于桌面、木制台面上或木制家具脚部等部位出现的深的刻痕，同裂缝一样，也可采用棒状虫胶漆给予修复，或采用其他方式修理好。修复这一类深裂缝，应从把裂缝内外清理干净入手，接着把调配得同饰面色彩相近的腻子，用腻子刀填入深缝内，将裂缝填满充足。待腻子干燥后，抹上一层与周围色调一致的棒状虫胶漆作为底漆，再用细磨布或毡布进行研磨打光，修复到与整个面一个样，再用相同色彩的蜡棒修饰；另外就是在腻子干燥后，使用细砂布直接打磨平滑，再用与饰面色彩一致的蜡棒研磨，然后又用钢棉研磨修补的部位，使修复的部位与周围表面一致。如图6-17所示。

图 6-16　家具饰面的涂饰出现的微小裂纹的修复　　　　图 6-17　深裂缝修复

　　由于不少家具是板式结构的，其柜门在使用不当，或是受潮和受热引起不均匀的涨缩之后，容易出现翘曲、拱弯和歪翘的状态，致使柜门关开很不合缝，使用起来很不方便，需要给予矫正与整平修复。

　　一般采用重物压迫整平的做法。对于人造材的板面，在门的内面使用清水，最好是温热水，将变形的部位浸湿透，再用软布之类将饰面保护好，不让其受损坏，然后平稳地放在平滑、光洁的地面上，再用重物的平整面直接压迫在变形部位。若是变形面较大，重物覆盖不了，那么，使用枋木垫在地下，但枋木与柜门板面相接触的那个面必须平直且光滑，不得有毛刺或其他能损坏板面的突出点。枋木下面与柜门板面变形部位相对应，再将重物压在枋木上。这样，变形部位在重物的压迫下，会逐渐地恢复到平直状态。重物压迫的时间，要视柜门变形程度而确定，一般不得少于 48 小时，必须待柜门板面浸湿部位干燥之后才能卸去重物。如图 6-18 所示。

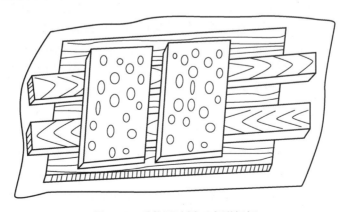

图 6-18　重物压迫矫正变形柜门

　　还有使用夹子的做法来矫正翘面变形的。其操作方法是在翘曲的表面长度方向上，每隔 250mm 左右设立一个夹子。夹子的两边均要有一块厚木板或铁板做垫层，由夹子的夹嘴顶着垫层去夹住翘面的部位，然后逐步拧进夹头，这是对翘面不大的矫正做法。如图 6-19 所示。

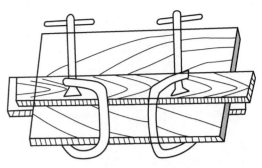

图 6-19　使用夹子矫正翘曲

　　而对整块柜门板面发生比较大的翘曲的矫正，除使用重物压迫外，同时又用夹块穿螺栓的方法也是行得通的。其具体操作是，将翘曲的柜门板夹在中间，两边使用硬实木枋，木枋宽度尺寸为 120mm 左右，厚度尺寸为 50mm 左右，长度尺寸则根据柜门板宽度尺寸来确定。木枋两端各钻一个通孔，孔的大小以可穿过直径 12mm 的螺栓为宜。木枋孔钻和螺栓准备好后，操作时先将一边做尖块用的木枋放在平整的地面上，接着将翘曲变形的柜门板搁在木枋上，然后把做夹块用的木枋与地面木枋对称地放在柜门板上，一切就位后，插入螺栓并拧上螺母。拧上螺母前应先穿进垫圈，有利于拧紧螺母时木枋与木枋之间夹紧力更强。最后使用扳手拧紧。每个螺母拧紧时只拧两三圈，并实施轮流拧紧的做法，这样便于各螺栓夹紧力均匀，有利于翘曲变形的矫正。一般在做这种矫正前，应当给予变形的柜门板翘曲部位洒上水浸润，以免在矫正时出现开裂现象。夹紧稳定后，应在常温下放置一定时间，至少等到浸润干燥，矫正稳定 24 小时后再拆卸松动螺母。假若矫正不很顺利，翘曲变形大时，还需要在夹块力稳定后，再分多次把螺母松开，再迅速重新拧紧并力量逐渐加大的方式，使翘曲变形随着一松一紧的压迫下，能逐步地得到矫正，还可避免收缩产生明显的大裂缝。当矫正完成后，要给矫正的部位尽快进行涂饰，将其保护起来，以防止潮气侵入。至于矫正的柜门板面是否需要重新涂饰表面，则要视具体情况再确定。

　　仿古式家具损坏的修复，比板式家具的修复要困难得多。因为，这些家具是框架式的，且是用杂木加工制作，比较紧硬，而且贵重。修复时要按照其木材纹理，不能有明显的痕迹。好在可采用现代加工制作的方法，使用螺钉与胶粘结合的手段，比较以往只能使用木、竹钉和榫眼的做法，要简便多了。

　　如修理车床旋削出来的家具腿时，对于断裂部位，采用钻孔轴心连接的做法。不管断裂部位多么复杂，都从其中心钻孔，插入圆柱棒进行连接。做这种连接的要点是要对断裂的上、下部位找准中心点。因为轴心插入的是圆柱棒，是没有方向性的。当中心孔钻准，圆柱棒大小尺寸正合适时，将孔内与圆柱棒涂抹上胶粘剂，直接插入孔内，要使断裂的部位吻合起来。这比平锯对接的效果要好。使用这种插销或叫暗榫的直接连接做法，可根据断裂部位采用上插销、个插销和对插销的不同方法，确保修复质量。如图 6-20 所示。

　　如果是弯腿桌子、椅子和茶几的耳承与其上部框架脱开，就不能做简单修复了，必须根据其连接的构造的实际情况，分别采用相对应的做法。若是暗榫断裂，则必须用"去断榫，装新榫舌"的做法。先将框架上榫眼里的断榫头挖出来形成榫眼，然后将承耳上的断榫头削平或锯平，再在原部位上凿孔或钻孔，装上新榫头与框架连接。如图 6-21a)所示。若是用胶粘剂将承耳与框架连接的，则可铲除旧胶用新胶，再从下钻孔拧入螺钉加固。螺钉必须是沉头入木头内，再用腻子填平。如图 6-21b)所示。

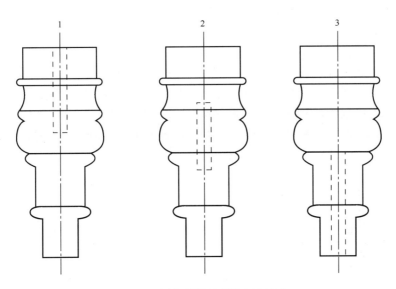

图 6-20　圆柱形腿断裂轴心连接法

1—上插销轴心连接　2—断裂处插销轴心对接　3—下插销轴心连接

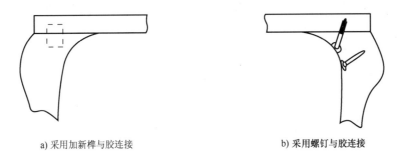

a) 采用加新榫与胶连接　　　　　　b) 采用螺钉与胶连接

图 6-21　承耳脱开的修复

6.3　水电合理使用窍门

在家庭装饰的使用中，水电的合理使用和安全是最让人担忧的。水和电一旦发生问题，往往不是小问题，因此，对水电合理使用不可掉以轻心。

一、管线装置使用

管线装置主要是指家用水管和电器线路，且大多是隐蔽的。那么，对于这一类装置如何使用和保养，要多加关注。

在正常状态下，水管和电线发生问题的确实不多，往往是在不正常情况下，再加上使用不当而出现了问题。如南方的气候，能冻坏水管的情况是少之又少。然而，在 2008 年元月份出现的大冰冻中，有不少家庭就是因为不注意水管的保护，无论是隐蔽水管还是外露的水管与水表，被冻裂、冻坏的比比皆是。

虽说在寒冷的气候下，管道中有水会冻结，但如果能注意到"流水难冻"，就会减少许多管道被冻的发生。加强管道的保温措施，将加热电缆缠绕在外露的管子上，每隔

200mm 绕上一圈，然后包上保温材料以保存热量，当温度降至 0℃ 以下时，将电缆接上电源。这样一来，管道里的水就不会冻结，而水不冻结，管道就不会发生冷缩，其冻裂的可能性也就不存在了。

如果认为管道上缠绕电缆的做法不可靠，那么，给管道缠上麻绳或织布，再在上面浇开水或加点热气，或是使用电吹风，或是采用灯加热等作法，也不会使管道里的水结冰。同样，还可以在冷水管道上设置保温层，如在管道上缠绕自粘带；将石棉带缠绕在带涂胶的水管道上；用泡沫塑料、多孔石棉、纤维玻璃管套和羊毛毡等保温材料缠绕在管道上，都是可以使管道不结冰的。如图 6-22 所示。

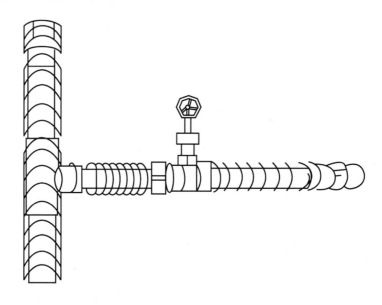

图 6-22　给水管缠绕保温材料防冻

现在的家装工程多使用了 PVC（聚氯乙烯）管，大多采用热熔连接，具有软质性能，其固定成型后，是不可随意移动和敲击的。因而在使用中或修理更换配件时，切不可使用硬件敲击或用强力扭动，因为稍有不慎就会发生破损或断裂的问题。因而，在经常动用的部位最好采用保护措施，如应用同类材料给包裹起来，或是使用软管保护其外层，即使在修理配件时，也不要性急，要小心翼翼地操作，能够达到安全拆卸和顺利装配上就可以了，千万不能像操作镀锌管道那样用大力气或猛烈扭动。

至于电线的使用更是要细心，不可随便乱来。因为，电线路的操作不当，不仅仅是造成损坏，而且容易造成安全事故，引发灾害甚至伤害生命等。电线的安装、检修应由有用电执照的专业人员进行，这属于特殊行业的操作行为，必须要遵守规则。

家庭装饰中的电线，一般是做过安全布局的。从灯饰配装到开关的控制，再到电器插座的安装，都是按照用电规定要求严格操作的。尤其是要防止弱电线路受强电线路的干扰。

对于电路的检修，要严禁带电操作，必须使用合理的方法并使用绝缘工具认真操作。即使是更换灯具这样简单的操作，也要按规章进行；使用临时性灯具时，更要注意安全，避免用电事故发生。如图 6-23 所示。

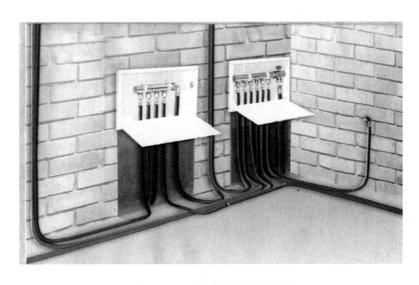

图 6-23 电路检修严禁带电操作

二、洗卫装置使用

家装工程竣工后，最容易发生使用故障的是卫生装置和洗浴装置。因为，其故障的出现，不仅影响自己一家人，往往还牵涉楼下人家。因此必须引起重视，注意使用方法，确保不发生问题。

由于建筑设计的缘故，有不少的室内下水系统是经过墙内管道下通的。这样，在做厨房卫浴设施安装时，其下水管道都不是直接往下流，而是横穿入墙管道后再往下流，致使这一类管道不是很顺畅，容易出现问题。如果安装在墙内的管道泄漏，那么，不仅给业主带来麻烦，而且给楼下人家造成危害。因此。凡遇上这一类墙内管道排水的，一方面在做室内下水管道时，要做出很好安排，不要随意动用墙钩管道系统；另一方面，在使用中也不要给墙内管道造成损坏。

不管是从墙内管道排水，还是从下水管道排水，使用时都要特别小心，不能够随心所欲地往下水道里丢弃物品，否则会容易堵塞。若是出现了堵塞问题，先用橡皮揣子吸一吸、试一试。如果解决不了问题，就使用粗铁丝做成的通条进行疏通。若仍不见效，再将化学清洗剂倒入管道内，等待其化解堵塞物。之后倒入一桶水冲洗，如果仍不起作用的情况下，再用拧开存水弯盖子的方式进行处理。这是比较费时费事的工作。也许在自己家里还不行，还要去楼下人家。此时存水弯处可能已做了装饰，需要拆下装饰，方可拧开盖子；还需要用桶子接住存水弯的残流水和堵塞物。堵塞物的清理还往往需要用手去抠，抠时必须戴上橡胶手套，避免堵塞物扎破手指。疏通后，要重新拧上螺栓，装配上存水盖，再放水冲洗干净，并且检查一下存水盖是否密封不漏水。如图 6-24 所示。

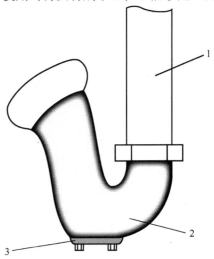

图 6-24 排水管道堵塞清除
1—排水管道 2—存水弯 3—管堵头盖

　　在使用洗涤池、盥洗池和浴盆及淋浴管时，经常遇到排水管道下水很慢或是不排水了，显然是被堵塞了。而这种堵塞，往往是由头发团、碎物和油脂等聚集在一起，致使排水管不畅造成的。对于这一类堵塞，一般情况下，采用皮揣子是可以清理与疏通的。在操作时，先将皮揣子的宽平底面堵在排水口上部，并用手压住后，再打开水龙头放水，当池子内的水深约有50mm的时候，就用力和有节奏地挤压皮揣子，使之产生一种压力，然后，又用力向上拔起皮揣子。这时，就有堵塞物露出排水口。使用铁钳夹出或戴着橡胶手套用手清除干净。接着，重复此做法两三次后，其排水管道里能用吸力吸出的堵塞物，基本上就能够清除掉的。如果仍不见成效，则说明不再是头发团、碎物渣和油脂结集在一起造成的堵塞，而是有硬渣和泥沙聚集在一起形成的堵塞了。这时，就必须打开存水弯底部的盖子来进行外部清除。如图6-25所示。

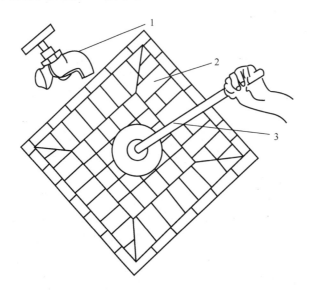

图6-25　使用皮揣子清除池下水管道堵塞物
1—水龙头　2—水池子　3—皮揣子拔吸清除做法

　　对于坐便器的使用，由于其内部结构里设有存水弯道，如果是随意丢扔手纸或碎物，也有被堵塞的情况，要给予疏通。应用皮揣子或化学清洗剂的方法是很难行得通的，往往是使用专用的钻通器。这种钻通器带有锐弯套管，在操作时，一手扶着套管，一手将钻头对准弯道部位，不停地向右旋转手柄，使钻通器沿着弯部通道向内部运动推进，直到钻头绞住阻塞物，从旋转手柄的另一侧立即会感觉到。这时，旋转停止，双手配合动作，慢慢地从弯道处把钻通器拉出来，钻头上绞住的阻塞物也会跟着被拉出来，于是，阻塞的管道就被疏通。如图6-26所示。

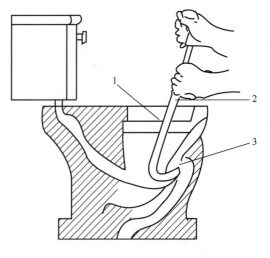

图6-26　使用钻通器疏通坐便器
1—坐便器　2—钻通器　3—阻塞物

坐便器的阻塞让人心烦意躁，而更让人头痛的是坐便器下的渗漏。渗漏不易发现，却是引起上下楼层邻里纠纷的根源。一般情况下，大多采用"堵"的做法去解决，但很难尽如人愿。这样一来，就可以反向思维，化"堵"为"疏"也许是一种好方法。其具体做法是：在坐便器安装的下方设计一个坡度为5%左右的暗地漏，再使用一根水管和一个斜三通与下水管连接起来，就可把卫浴间里渗漏的水引流到下水管里面去，有效阻止了渗漏的问题。同时，在这种引流下，即使不小心弄坏了坐便器，造成了漏水问题，也不会有太多的水渗漏到楼下，只要在短时间里更换或修复坐便器，楼下邻里可能不会察觉到楼上发生的问题。

三、水电装置毛病修理

水电装置毛病的出现，一方面与使用不当有关，另一方面是保养不好，还有是装置存在问题和其本身质量及材质的不过关等原因造成的。业主虽然不是从事水电装置的专业人员，却有必要懂得毛病的修理方法，这样有利于更好地正确使用水电设施，延长其使用寿命。

现在家庭中使用的水龙头，很少再配装那种铸铁式旋转水龙头了，大多是装配上抬式单手柄或双手柄水龙头。这种上抬式水龙头以陶瓷阀芯为多，其质量好坏与价格高低成正比。这一类水龙头使用方便，用手将其柄向正上抬便开通了，比旋转式水龙头快捷方便得多。如果是双手柄或双控制的水龙头，其优势就更明显了。只要转换一下方向，龙头在瞬间就能够控制水温，给使用者带来了极大的方便。不过，值得注意的是，单手柄水龙头在开关的一瞬间，水压的冲击力迅速增加，如果质量不高，经不起水压的冲击，很容易损坏，于是，在使用单手柄水龙头时，应当慢慢地开关，不要一下子将龙头打开。至于双手柄水龙头，由于它是慢慢释放水压，又有着耐压范围大的优点，因而不容易损坏。但是，这一类水龙头当阀芯破损后，就需要更换阀芯才可以再使用的，而一个阀芯的价格是铸铁水龙头的几倍、十几倍，甚至上百倍了。如图6-27所示。

洗浴用的喷射软管的故障是经常遇到的。首先是检查龙头和喷射头通气孔是否被水垢阻塞。若部件不能够清理干净，则要更换新配件了。若只有水垢，或是由水垢与其他碎物结成锈柱一样的阻塞物堵塞了通路时，用改锥等工具就可将其清理干净。如果这样做仍解决不了流水不畅的问题时，还应当继续检查其他部位，如果都没有问题，那么，就得旋松与水龙头连接的六角螺母接头，取下软管，换上同型号的软管了。不过，进行这些操作时必须要关闭水源，不可以带水作业的。

坐便器冲洗阀毛病的修理，也是比较多的。冲洗阀是一个自动工作程序，每开启一次，由水的冲击力来完成它的工作循环程序并自动关闭。冲洗阀有活塞式和隔膜式两种类型，由其材质的好坏决定其使用时间长短。其工作原理、操作和使用要求基本上是相似的。每次都是通过调节外部的一个控制螺钉来启动冲洗装置的，也有应用按动控制阀的方式来启动冲洗阀门的。调节螺钉向右拧就少放水，向左拧就多放水，这是对于启动阀门大小来决定放水状况的。

当阀门不能够完全关闭时，则说明阀门开始出现故障了，此时就要关闭水源，拆下阀盖、下隔膜和安全阀或活塞等配件，将其进行清洗，特别是安全阀或活塞及阀座等配件，要彻底清洗干净，再重新组装上去进行试用。安全阀或活塞及导管等装配调节好了，一般问题是可以解决的。若是这些配件装配不能紧密合套，说明旧冲洗阀已经磨损，需要更换

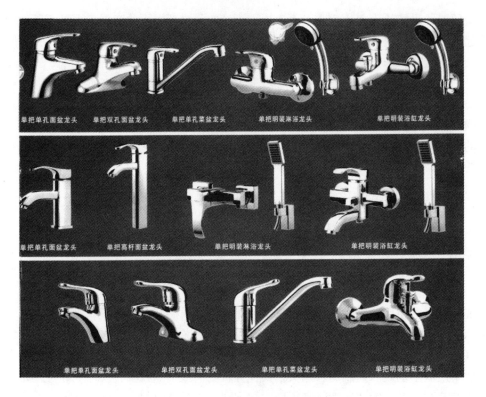

图 6-27　各种式样的水龙头

了，只有将新的冲洗阀装配上去后，才能恢复使用的。

　　如果坐便器坏了，需要更换新的时候，必须与旧坐便器的大小相一致，才能与原连接的管道相配套。不然，还要重新装配管道等，费时费工又费钱。

　　更换时要关闭水源。接着将坐便器和水箱冲洗干净，并将余水吸干净。卸下供水管道，留下接头部位配件，以备安装新坐便器时使用；再将水箱与坐便器连接的管接头卸下，从墙上拧下用于固定水箱的螺栓，卸落水箱时注意莫摔坏，并将坐便器固定在地面上的螺栓螺母卸下，用双手卸下坐便器时要两边摆动，当有松动时，便提上坐便器，使其得以卸下来。

　　安装新的坐便器时，先将其反扣在防潮膜上，以防擦伤。接着清除干净旧坐便器拆下时留下的衬垫物品，铺上新衬垫，使出水口与坐便器底部平齐。在坐便器底边和连接的出水口的管道上端部均匀抹上一圈厚厚的管道油灰。在地面法兰的装配孔部位安装上新的地面法兰螺栓。一般只需装配上两个螺栓，也有用四个螺栓的，这要根据实际需求装配了。然后，搬起坐便器，对准螺栓轻轻地放下去，使出水口和地面的法兰接口相吻合。放下坐便器后可左右微微扭动几下，使抹上的油灰能得到挤紧。衬垫压紧后，再用水平仪检测一下顶面，看是否已平稳。如果不平，就在底部加垫片垫平。垫片必须是软性的，不得使用硬性垫片。

　　如果水箱与坐便器是分开的，就在装配完坐便器后，将水箱装配在坐便器上。装配时应以软垫圈和螺栓连接。一般情况下，坐便器安装好是不便再移动的，通过挪动调整好水箱位置后，再逐渐拧紧固定螺栓螺母。然后，用耐压配件与供水软管将水箱与坐便器冲洗部位连接起来。拧开供水源开头，冲洗坐便器，检查是否存在泄漏和连接不好等问题。当一切都无问题后，拆换坐便器工作便告完成。如图6-28 所示。

用电设施的使用毛病修理，主要是使用频率高的用电开关和电源插座，而这些都是预埋在墙体内的，主要是注重防潮，不让电源线因潮湿而漏电。

用电开关坏了，当然是要更换的。更换前必须关闭电源总开关，不可以带电作业。先拆下固定开关板的螺钉，揭开接上电线的开关板，仔细辨认一下其接线，分清楚哪根是火线，哪根是零线，不要弄错了。再把各电线接在同样型号的新开关的相同位置上。虽然说，家庭用电的线路只有一根火线，一根零线，接反了不会影响通电，但还是要按照用电接线要求，左零右火地严格遵守规定，以防万一。接上电线，拧紧各个接头螺钉，然后将开关板装配在开关盒上，拧紧螺钉，重新盖上开关板，更换开关的工作就完成了。如图6-29 所示。

如果电源插座有了毛病需要更换，其程序与更

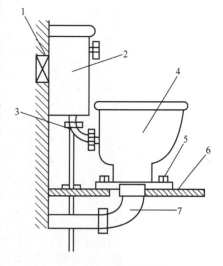

图 6-28 更新坐便器

1—墙体预埋件 2—水箱安装墙上
3—水箱与坐便器连接冲水管 4—坐便器
5—坐便器安装地面螺栓 6—安装
地面衬垫 7—下水管安装

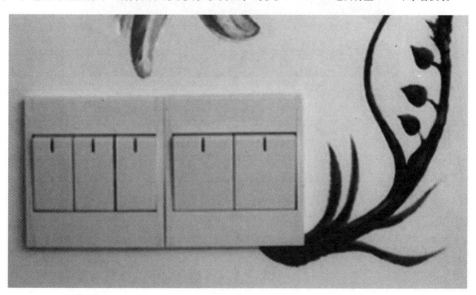

图 6-29 更换用电开关

换用电开关一样。拆除损坏电源插座前，要先切断电源，用螺钉旋具（改锥）拆下固定电源插座的螺钉。其实，现在使用的电源插座板也有盖板，要先拆下来后，再拆电源插座板。分别拆下各接线上的螺钉，取出电线头，把各电线头重新连接在更新插座的相应接线部位上，再将装配好的新电源插座固定在底盒上，这样，更换电源插座的工作就完结了。如图6-30 所示。

图 6-30　更换电源插座

参 考 文 献

[1] 朱航征，全萃蓉，等．住宅维修与装饰[M]．北京：中国建筑工业出版社，1992．

[2] 贺曼罗．建筑胶黏剂[M]．北京：化学工业出版社，1999．

[3] 陈易．建筑室内设计[M]．上海：同济大学出版社，2001．

[4] 黄瑞先．油漆工基本技术[M]．北京：金盾出版社，2000．